U0725223

ハーバード式 最高の記憶術

哈佛长时
记 忆 法

快速打造你的
学习脑、记忆脑、考试脑

[日] 川崎康彦 著

李凯园 译

人民邮电出版社

北 京

图书在版编目（CIP）数据

哈佛长时记忆法：快速打造你的学习脑、记忆脑、考试脑 /（日）川崎康彦著；李凯园译. -- 北京：人民邮电出版社，2021.2
ISBN 978-7-115-55320-1

Ⅰ. ①哈… Ⅱ. ①川… ②李… Ⅲ. ①记忆术 Ⅳ. ①B842.3

中国版本图书馆CIP数据核字(2020)第225893号

内 容 提 要

每个人都有专属于自己的珍宝库，那就是记忆。但随着互联网技术、人工智能技术等辅助记忆的新技术的不断发展，人们的"短时记忆力"正在不断减退且变得不那么重要，而"长时记忆力"仍然十分重要。那么，怎样才能提高"长时记忆力"呢？这本书可以为大家提供一些帮助。

本书从大脑的构造等基础知识入手，详细阐述了脑内环境的调节、脑外环境的调节、优化大脑的6种荷尔蒙、重启大脑的7个方法等内容，提供了一些切实可行的有助于提高记忆力的方法。这些方法涉及运动、饮食、睡眠、游戏、恋爱等各个方面，如腹式呼吸法、能量姿势法、影子跟读法等，便于我们在日常生活中掌握和运用。

本书适合想通过增强记忆力提高工作能力的职场人士、为各种考试而苦恼的学生族，以及那些因不擅长记忆而烦恼的人士阅读。

- ◆ 著　　[日]川崎康彦
  　　译　　李凯园
  　　责任编辑　谢　明
  　　责任印制　杨林杰
- ◆ 人民邮电出版社出版发行　　北京市丰台区成寿寺路11号
  　　邮编 100164　　电子邮件 315@ptpress.com.cn
  　　网址 https://www.ptpress.com.cn
  　　廊坊市印艺阁数字科技有限公司印刷
- ◆ 开本：880×1230　1/32
  　　印张：6　　　　　　　　　　　　2021年2月第1版
  　　字数：120千字　　　　　　　　2024年11月河北第14次印刷
  　　著作权合同登记号　　图字：01-2020-2591号

定　价：59.00元
读者服务热线：（010）81055656　印装质量热线：（010）81055316
反盗版热线：（010）81055315
广告经营许可证：京东市监广登字20170147号

最能让我们准确地想起某人的，
正是我们早已遗忘的事情。

——马塞尔·普鲁斯特

世界记忆总冠军教练 《最强大脑》脑王教练 世界记忆大师◎袁文魁

本书作者是哈佛医学院的研究员，他在书里介绍了很多有科学依据且有益于提高记忆力的好方法，包括保持长时记忆的3个诀窍、重启大脑的7个方法等。其中很多技巧也是我平时会使用的。把这些技巧与方法结合起来使用，会让你的长时记忆力快速提高！

香港大学博士 中科院心理所助理研究员◎杨炀

记忆是人脑的重要机能，能够记得快、记得牢是人类一直追求的日标。这本书会教你很多提高记忆力的技巧，快速打造你的记忆脑！

心理学博士 中国矿业大学教授◎段鑫星

《哈佛长时记忆法》是一本适合所有人阅读的书，因为记忆是学习的关键，而在一个学习型社会中，如果能掌握长时记忆这个"利器"，你就能脱颖而出。请你跟随作者的脚步，寻找属于自己的记忆宝藏吧！

《北京晚报》高级编辑　科普作家　金牌阅读推广人◎李峥嵘

本书从理论到实操，能全面"刷新"你对记忆力的认识，改变你的思维方式。有了哈佛研究员带来的新奇而好用的记忆方法，家长再也不用焦虑孩子的学习了！

精读主编◎飞白

岁月的年轮一圈圈地扩散，记忆的河流日渐"消瘦"。本书作者有一套独特的长时记忆法，掌握了这套方法，你就能锁住记忆的河流，留下美好的瞬间。

行动派 DreamList

记忆是有规律的。当我们了解了这些规律之后，学习会变得轻松，生活会变得多彩。本书提供了许多提高记忆力的方法，这些方法涉及运动、饮食、睡眠、游戏、恋爱等各个方面，便于我们在日常生活中掌握和运用。

我研究的记忆法得到了哈佛医学院的认可

感谢你阅读这本书。我是哈佛医学院的研究员、医学博士川崎康彦。

当你拿起这本书时，或许你会认为作者一定是一个很聪明的人吧——上面写着"哈佛"呢！于是你就很想向他学习如何提高记忆力。

如果是这样的话，我就要先道歉了，我要向所有这样想的读者道歉！

我要在此声明，这并不是一本能够保证你在读完后快速成为精英的书。但是，我能保证本书能让那些平时因不擅长记忆而烦恼的人改变对记忆的看法，消除恐惧心理。

之所以这么说，是因为我自己就是一个健忘的人，并曾为此深深苦恼过。因此，本书不会像一般介绍记忆法的书那样，向你推荐各种提高背诵能力的方法。

不过，作为在哈佛医学院做过学术研究的医学博士，我会把一些有科学依据且有益于提高记忆力的好习惯和好方法介绍给你。

记忆是什么

在进入正文之前，我先简单地谈一下记忆是什么。

记忆分为短时记忆和长时记忆两种。

简单地说，短时记忆就是只能保留几十秒的记忆，长时记忆就是能保留几十秒以上的记忆。在日常生活中，我们往往把焦点放在如何提高短时记忆力上。但是，事实上短时记忆并不是那么重要——只要满足最低需求就可以了。

为什么这么说呢？因为未来我们将进入由人工智能技术承担短时记忆的时代。

与古代人相比，现代人的短时记忆力已经衰退了。我们可以预见，随着互联网、人工智能技术的不断发展，今后人们的短时记忆力还会不断衰退。

小时候，我能轻易记住很多人的住址，能很轻松地背诵10～20个电话号码。直到现在我还记得以前家里的电话号码（我已经有几十年都没有用过这个号码了）。但是，如今我们已经没必要再记电话号码了。

"短时记忆不再那么重要"的时代已经到来了。也可以说，比起短时记忆，长时记忆变得更为重要。我写这本书就是想告诉大家这件事情。

保持长时记忆的 3 个诀窍

我将在本书中介绍保持长时记忆的诀窍。

从科学运用大脑的角度来讲，以下 3 个诀窍可以让人保持长时记忆。

● **多体验新鲜事物**

如果你对新鲜事物感兴趣，就尽情地去体验吧！如果你喜欢某个新鲜玩意，就付出实际行动去加倍喜欢它吧！

● **不惧怕失败**

长时记忆里没有"失败"二字。失败或成功都不重要，重要的是这段经历对自己的影响程度，或是能够给自己的内心带来多大触动。进一步说，我们要看这段经历在多大程度上遵循了自己的内心。相比不采取实际行动的遗憾，留在内心的经历才是保持长时记忆的关键。

● **不被记忆束缚**

我们要经常抱有初学者的心态，不要试图将所有事情都概括得过于全面，不要被记忆束缚。如果能不被知识和常识限制，时常保持大脑灵活，你的思维就会达到意想不到的活跃程度，甚至会达到能够自如地进行"记忆断舍离"的程度。

以上几点非常关键，请你务必铭记于心。

我自认为自己能够做到以上几点。在这几个方面，我有自信不输给任何人。

如果你也能做到这几点，那么你也能成为长时记忆的高手。

4 年内在哈佛医学院发表 12 篇论文

从 2003 年 11 月至 2008 年 3 月，我作为一名研究员在哈佛医学院附属医院的麻醉科工作。

我在世界排名第一的医学院①从事了大约4年的学术研究，我的主要研究领域是神经生理学。在此，我要介绍一下我去哈佛医学院工作的来龙去脉。

在此之前，我是　名神经生理学研究者，一直在佐贺大学医学院学习。在顺利完成博士课程后，我成了该校的一名助理教师。

那时，我第一次以公务员的身份工作。对我来说，那是安稳

----

① 在 2016 年软科世界大学学术排行榜（ARWU）上，哈佛医学院位居医学类第 1 名。

生活的开始。哪怕只有不太多的稳定的收入，我也很知足。

但是，就在我刚工作不到 1 个月时，机遇出现了——哈佛医学院竟然邀请我去做研究员。

原来，是佐贺大学医学院的同事介绍我过去的。当时，包括我的导师在内的很多人都很担心我，他们觉得我不可能胜任。大多数人都觉得我会坚持不下去，很快便会放弃（事实上也确实有不少人因为受不了艰苦的学术研究生活而选择放弃）。

我的家人也觉得很惊讶，对我收到哈佛医学院的邀请函并没有很上心。我记得父母还莫名地生气了，他们对我说："你不要一直做梦了！"

但是，那时的我并不在意周围人的意见，而是很乐观地期待着即将开始的新生活。然后，我便开始了在美国波士顿的生活。

然而，当我第一次被带到研究室的时候，我不禁打了个冷战——果然和大家说的一样。

研究室里除了桌子以外什么都没有——空空如也，而我将在这样的环境里开始自己的研究生活。

在那一瞬间，我终于明白了：在哈佛医学院从事学术研究确实是一件很艰辛的事。

与之相比，佐贺大学研究室里的设备很齐全，我只要埋头做实验就可以了。而在这里，实验设备和药品都需要自己准备——必须亲自打电话交涉，还不能自由地购买想要的实验设备。

"这也太难了……"我虽然也有过激烈的心理斗争，但最终还是选择继续留在那里，体验不一样的生活。

我在同事的协助下解决了各种问题，并以惊人的速度完成了自己设计的实验。最终，我用了9个多月的时间便成功地发表了第一篇学术论文。

日本的导师和同事对此感到十分惊讶。他们不敢相信那个没干劲的家伙（当时大家好像就是这么看我的）去了哈佛医学院后竟然不到一年就发表了专业的学术论文。

后来，我在美国生活了4年。或许谁都没想到我竟然能在那样的研究室里待4年吧，这一点我自己也没有想到。

在从事研究时，我要和很多人合作，学习各种研究方法，努力使自己摆脱所学专业的限制，不断地尝试，也不断地迎接不同的挑战。

结果，我成功地发表了 12 篇学术论文。4 年内发表 12 篇学术论文——这好像是特例中的特例。最后，我攻克了一个很难的课题并发表了相关论文，达到了学术研究的巅峰。

但就在此时，我开始觉得学术研究对自己似乎不再有吸引力了，我的工作积极性也在不断下降。于是，我决定返回日本。

我对领导说："我想辞掉研究员的工作。"他挽留了我，并且为我申请了职位。他甚至对我说："你还是留在这里继续从事研究吧！"

我能够得到他的挽留，这真是太难得了。因为在刚开始时，谁都觉得我坚持不了多久，但现在竟有人愿意为我申请正式的职位了。

不过我还是婉言谢绝了，决定走向下一个人生阶段，虽然我连下一个人生阶段具体是什么都不知道。

人生就是一场制造长时记忆的旅行

虽然我叙述得并不详细，但是这段在哈佛医学院的记忆总能给我体验新事物的勇气。它让我相信：不管是谁，只要有强烈的意志和足够的勇气，就能做到任何事情！

在哈佛医学院的经历让我感觉到自己的每一天都很新鲜，内心也很富足。直到现在，那些点点滴滴仍然牢牢地留在我的长时记忆里。

我并不是那种思维敏捷、记忆力超常的"学霸"，也不是坚忍不拔、争强好胜的人，我其实只是一个懒散、没有常性、健忘的人。但是，因为我一直保持着对新鲜事物的好奇心、敢于改变的勇气，以及勇于抓住机会的自我成长之心，我才能在天才聚集的哈佛医学院迎接了很多挑战。

对于你认为有意思的事和你感兴趣的事，一定要亲自尝试。如果喜欢就去钻研，并以做到该领域的第一名为目标，有时还要创造机会帮助别人——这才是最重要的事情。

- 对新鲜事物充满期待并尽力尝试。
- 发现喜欢的事情并努力钻研。
- 凡事不要太执着，永远保持一颗赤子之心。

以上这几条就是我在哈佛医学院学到的充分运用大脑的方法。哪怕你只是意识到这些，你的长时记忆力也会增强，并会一直保持下去。

去吧，去制造属于你自己的长时记忆吧！

我真心希望这本书能对你有所帮助。希望这本书能帮助你体验更多新鲜的事物，让更多人对你留下深刻的印象，而这些都会成为你下一段人生的起点。

要点

时常保持大脑灵活，你的思维就会达到意想不到的活跃程度，甚至会达到能够自如地进行"记忆断舍离"的程度。

目录

04

把记忆力提高到极限　/ 085

05

使身体和大脑都处于最佳状态　/ 117

Chapter 01

塑造擅长记忆的大脑

记忆离不开大脑各部位的密切协作

我曾经在哈佛医学院从事学术研究，当时的研究领域是电生理学。

电生理学是研究人体大脑、肌肉、内脏等部位的电特性和生理机能之间关系的学科。如果这样介绍的话会说很久，总之你只要知道我是一个"在哈佛医学院研究过脑科学的人"就可以了，这样会容易理解一些。

因为我是研究脑科学的，所以在介绍我研究的记忆法之前，有必要先向各位介绍一些与记忆本源有关的知识。

我们平时所说的大脑其实是指大脑新皮质。在大脑新皮质上有大量褶皱。我们一般通过褶皱的数量和复杂程度来判断一个人有多聪明，其记忆力有多好。顺便说一下，一般认为，如果该部位发生萎缩，人就会出现痴呆的症状。

大脑的各个部位是密切协作的

大脑除了新皮质以外还有很多其他组成部分（见图 1-1 ）。

在大脑新皮质下方有一个部位叫作"大脑边缘系统"。与感情密切相关的杏仁核和被称为"记忆中枢"的海马体都位于这个部位。

在大脑边缘系统下方是间脑。它负责大脑各个部位之间的信息传递和调节。丘脑、下丘脑、垂体就位于间脑部位。

间脑下方是脑干。脑干的主要功能是维持机体生命，呼吸和觉醒的中枢就在该部位。脑干自上而下分为中脑、脑桥和延髓三个部分。脑干上还有很多被称为"脑神经"的末梢神经，它们分别参与嗅觉、视觉、听觉等感觉信息的传递。

大脑的构造图

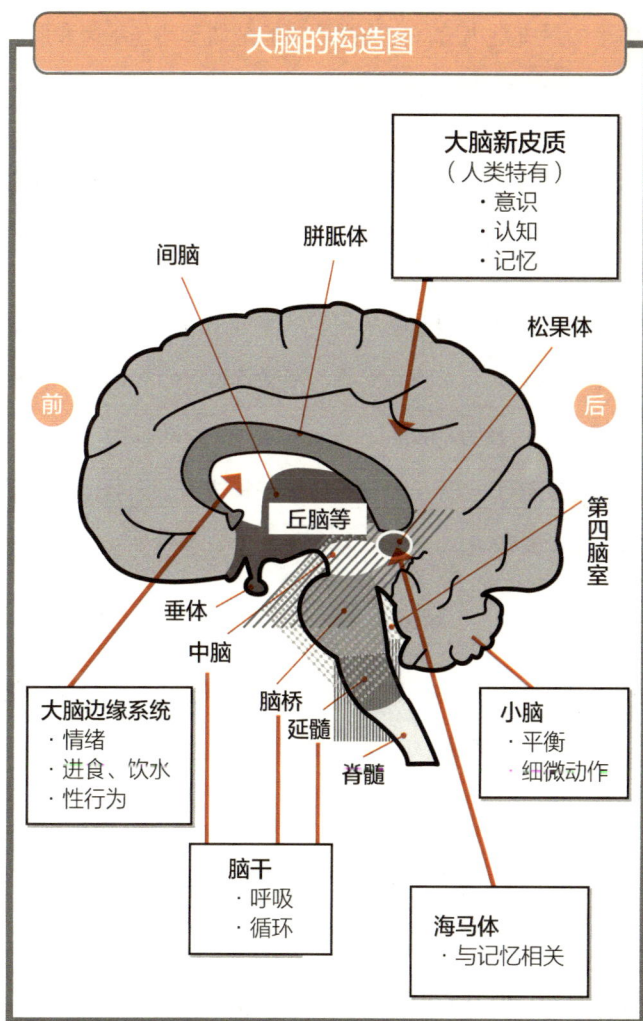

大脑新皮质
（人类特有）
・意识
・认知
・记忆

间脑

胼胝体

松果体

前

后

丘脑等

第四脑室

垂体

中脑

大脑边缘系统
・情绪
・进食、饮水
・性行为

脑桥

延髓

脊髓

小脑
・平衡
・细微动作

脑干
・呼吸
・循环

海马体
・与记忆相关

图 1-1　大脑的构造

脑干的后方是小脑，它的主要功能是调节动作平衡和肌肉张力。例如，掌管运动能力的就是小脑。

我们在无意识中巧妙地使用着大脑，并使其各个部分密切协作。

综上所述，我们的大脑是由处理感观信息（视觉、听觉、触觉、味觉、嗅觉）的大脑新皮质，掌管语言、情绪的大脑边缘系统，感知压力和疲劳的间脑，调节动作平衡和肌肉张力的小脑，以及维持生命活力和提高免疫力的脑干构成的。大脑的各个部分相互联系、紧密协作，通过不断输入记忆对象提高我们对记忆的唤起能力。

脑干与大脑的荷尔蒙调节有关，也参与呼吸等维持生命的活动。小脑的主要功能是协调运动和学习技能。

大脑的各个部位对我们提高记忆力具有非常重要的作用。发挥脑干功能可以让我们的身体变得健康，发挥大脑新皮质功能可以让我们保持自由的思考，发挥大脑边缘系统功能可以让我们的情绪更加稳定。充分发挥这三个功能能够让记忆力达到最佳状态。

　　如上所述，维持和增强记忆力需要通过大脑各部位的"协同作业"，而不是一场仅仅依靠大脑新皮质就能完成的"独角戏"。你需要在阅读本书的最初阶段就了解这一点。

要点

> 大脑的各个部分相互联系、紧密协作，通过不断输入记忆对象提高我们对记忆的唤起能力。

创造最佳脑内环境

良好的脑内环境有助于提高记忆力。

这里所说的"脑内环境"不仅是指大脑新皮质的环境，还包括前面列举的大脑各部分组织细胞内状态、细胞器官和细胞膜状态，也包括流动在细胞内的细胞液状态。

脑内环境包括以下两个构成要素。

● 细胞层面的环境

单个细胞的高效运转是增强大脑功能的前提条件。氧、电解质、养分的充分供给对于细胞的机能来说非常重要。

如果单个细胞的状态良好，我们的身体也会保持良好的状态。

如果细胞的温度、酸碱度、细胞内外的渗透压力（细胞内外无机盐的浓度）等发生变化，我们对所有刺激的感受也会发生变化。

无论给大脑多少刺激性信息，如果大脑毫无反应，那么不论经过多长时间，这些信息都不会被我们记住，只会与我们"擦肩而过"。

● 组织层面的环境

打个比方来说，细胞就像一个人，组织就像一个家庭，更高层级的大脑、脏器等器官就像一个社会。

如果上一个层级血管里的血液流动不畅，输送到下一个层级的养分和氧气就会不足，记忆的效果也会受到影响。

单个细胞的作用固然很重要，但组织内的细胞间的协作对记忆也非常重要。

我们的生活质量会随着居住地、工作场所、职业、交往人群、居住环境的变化而发生改变。同样，脑内环境的变化也会对大脑功能的发挥产生影响。

因此，创造良好的脑内环境是提高记忆力的关键。例如，如果脑细胞营养不良，就无法顺利进行大量的信息交换，而且不管输入多少信息，它们都不会被传送到大脑。在这种状态下，无论经过多长时间大脑都不会记住这些信息。所以，记忆需要大脑内的所有细胞随时处于最佳状态，尤其需要负责记忆的海马体的所有细胞都处于最佳状态。具体来说，就是海马体的所有细胞都处于细胞膜光滑、内部水润的状态。在这种状态下，大脑对信息的敏感度会比较高，记忆对象被输入后就能立刻被大脑存储起来。

适当的压力可以调节脑内环境

那么，什么样的状态才是最理想的呢？相比完全无压力的状态，有适当压力的状态才是最理想的。所谓"适当的压力"是指：

- 有明确的目标；
- 建立良好的人际关系；
- 有情感触动；

- 参加有益于生态环保的活动;

- 体验新鲜事物;

- 每天都能保持积极的心态;

- 为人坦率;

- 锻炼身体且让自己充满活力。

毋庸置疑,在这种状态下,脑内所有细胞的状态都一定是非常好的。

虽然本书的焦点是记忆力,但请大家先认清这样一个事实:我们的记忆力会因生活方式的改变而发生改变。

如果你想提高自己的记忆力,请重新审视自己的人生目标,然后每天按照目标行动。我相信这是提高记忆力的有效方法。

请大家关注身边的各种事物,在兴趣的驱使下探究自己想了解的知识——这个过程可以不断地锻炼大脑、提高记忆力。

要点

相比完全无压力的状态，有适当压力的状态才是最理想的。

"头冷脚热"真的好吗

深度记忆是指信息被输入长时记忆里而难以忘记的状态。记忆时的环境决定了我们能否做到深度记忆。

记忆时的环境具体包括以下 3 种：

* 身体内部环境；
* 身体外部环境；
* 大脑环境。

适合记忆的环境

如果我们能调节好以上 3 种环境，就会改善记忆的效果。

例如，在乱七八糟的房间里记忆与在干净整洁的房间里记忆，其效果肯定是完全不同的。

我们在学习时，在随时能拿到所需物品（笔、橡皮等）的环境下记忆与经常需要寻找所需物品的环境下记忆，其效果也是完全不同的。

虽然来回移动也是提高记忆力的技巧之一，但是如果我们不能立即找到所需物品，就会产生压力，记忆力就会因为这种压力而降低。

相反，如果在桌子上放置一些能让我们缓解压力的植物（鲜花等），大脑潜在的能力就会提高，记忆力也会因此而提高。

另外，室内温度也与记忆力密切相关。一般认为，过热的环境不利于增强记忆力，而偏冷的环境则有利于增强记忆力。就像俗话说的"头冷脚热"一样，大脑是"不耐热"的。同样，我们在疲劳的状态下，大脑会被"热气"包围，这个时候也不适合记忆。

有效利用"干劲荷尔蒙"

我们需要在开始记忆之前就做好准备工作，那么我们就要了解一种对记忆非常重要的荷尔蒙——多巴胺。

多巴胺被称为"干劲荷尔蒙"，是我们集中精力记忆时不可或缺的一种荷尔蒙。例如，我们在备考时或在截稿前就非常需要它。

在这种情况下，因为多巴胺的产生，识记这类输入型大脑传导会变得很顺利。

我想从科学的角度再说明一下。海马体是影响记忆的关键组织。多巴胺能使海马体细胞间的神经突触的传导变得活跃，增强神经突触的黏着度。这是一种非常复杂的解释。大家只要记住：神经突触的活跃有益于记忆。

5分钟就能完成的多巴胺释放训练

我给大家介绍几种能够激发大脑释放多巴胺的简单方法：

- 做一些平时不经常做的事；
- 达成一个小目标；
- 大把地剪掉头发；
- 吃巧克力；
- 运动或进行肌肉训练；
- 听喜欢的音乐；
- 整理房间；
- 摄入富含酪氨酸的食品（纳豆、苹果、香蕉、咖啡、奶酪等）。

请以此为参考，在开始记忆之前试试这些简单的多巴胺释放训练。例如，你可以：

- 听一首喜欢的音乐后再记忆；

- 锻炼腹肌后再记忆；

- 做一套伸展运动后再记忆；

- 花 5 分钟的时间整理房间后再记忆。

这样做可以改善记忆的效果。但要注意，准备工作的时间最长不要超过 5 分钟。如果准备工作的时间较长，甚至超过 30 分钟，大脑就会感到疲劳，积极性和记忆力都会下降。

记忆的维持需要 5- 羟色胺和催产素。它们也被称为"幸福荷尔蒙"。因为如果我们感到幸福，记忆就能得以维持。

要点

多巴胺被称为"干劲荷尔蒙"，是我们集中精力记忆时不可或缺的一种荷尔蒙。例如，我们在备考时或在截稿前就非常需要它。

有效提高大脑灵敏度

你听说过"工作记忆"吗？顾名思义，它是指我们在做某项工作时使用的一种暂时性记忆能力，英文写作"working memory"。

工作记忆是人们为了进行某种操作而将信息暂时记录在大脑中的一种记忆方式，因此它也被称为"感觉记忆"或"瞬时记忆"。说得简单一点，它就像大脑的记事本或便笺纸。

你是不是也做过这样的事情——在厨房炒菜的同时浴缸里放着热水，接电话的同时回复着邮件……

结果，浴缸里的热水溢出来了，菜煳了……很多人应该都有过这种痛苦的经历吧。

另外，你是不是也有过这样的经历？本来你要去客厅做一件事情，走到一半时，你父亲让你帮他拿件东西，于是你帮他拿完东西后再走进客厅。这时，你已经完全忘记了自己要去客厅做什么事情，怎么也想不起来了。这是因为你的工作记忆的容量已经达到了极限。

工作记忆的容量是有限的，一般认为，3 ~ 7 件事情为极限容量。

也就是说，我们的大脑一次最多只能考虑 3 ~ 7 件事情，比较合理的数量是 3 件。

例如，有这样一组数字：179487937293782。

如果你想一次性记住这组数字是极其困难的，但是有时我们又无论如何都必须记住它。在这种情况下，记忆的诀窍就是把这组数字再次分组。我们可以将每 5 个数字划分为一小组，即分为：17948、79372、93782。

通过这样分组，我们就可以将其固定在大脑里。如果能通过谐音来记忆就更好了。

同时处理多项任务时，就是工作记忆能力大显身手的时候。擅长同时处理多项任务的人往往有很强的工作记忆能力。

负责工作记忆的部位是大脑新皮质的前额叶、大脑边缘系统的带状回。前额叶是大脑中最发达的部位，而且是负责人类所特有的思考活动和创造活动的最高中枢。

如果工作记忆能力衰退，大脑的瞬间爆发力就会减弱，人们在同时处理多项任务时就会感到很痛苦。

锻炼工作记忆能力

工作记忆能力可以提高吗？

我们当然可以通过锻炼提高工作记忆能力。如果能刻意练习下面这些事，你就会成为工作记忆高手，拥有灵敏的大脑。

- 读一篇短篇报道，并写出自己能记住的 5 ~ 10 个关键词。
- 背诵歌词，然后不看歌词来唱歌。

> • 尽可能同时处理多项工作。

以上这些简单的方法都很有效。那么，最有效的锻炼工作记忆能力的方法是什么呢？答案是"有氧运动＋外语学习＋独自旅行"。

关于有氧运动，我推荐骑自行车和慢跑。研究表明，有氧运动可以促进大脑的神经元生长，促进前额叶和与短时记忆相关的海马体的生长。另外，我们最好在跑步时为自己设计多条路线，而不是每天都遵循相同的路线。这样的话，你就会注意到很多事物，从而自然而然地引导大脑处理多项工作，这能让我们时常拥有新鲜感并保持大脑的灵敏性。

学习外语可以让你的思维变得活跃。关于学习外语，我希望大家能了解"影子跟读"朗读法和一些记忆单词的方法（关于这部分内容我会在本书的第六章中进行详细的介绍）。

当你有了一定的外语听说能力后，请尝试独自去外国旅行。因为如果要独自旅行，我们从准备阶段就要同时处理多项任务。

从这一点来看，独自旅行是最适合用来锻炼工作记忆能力的方法。如果你能愉快地独自旅行，你的工作记忆能力就一定会大幅提高。

请务必尝试这些锻炼工作记忆能力的方法。工作记忆能力的提高不仅能给你带来自信和活力，还能让你从容面对很多事。

要点

最有效的锻炼工作记忆能力的方法是什么呢？答案是"有氧运动＋外语学习＋独自旅行"。

判断你的大脑类型

众所周知，大脑分为左脑和右脑两部分，二者的作用完全不同。

左脑主要对应语言能力、逻辑思考能力、计算能力、分析能力等，在理性人格的形成方面发挥着重要作用。

右脑主要对应直觉能力、图形能力、空间认知能力等，在从艺术的层面直观地理解事物方面发挥着重要作用。因此，右脑也被称为"动物性大脑"。左脑和右脑由叫作"脑梁"的神经纤维束连接。

一般认为，有效使用大脑的方法是用右脑来输入，用左脑来输出。

"左脑发达的人比较优秀。"

"不，事实上右脑发达的人比较优秀。"

我们经常能听到这种关于左脑、右脑的争论。其实并不能说哪种类型更好，我认为全脑型（左脑、右脑平衡）的大脑最有利于提高记忆力。

判断大脑类型的 32 个问题

在此，我把大脑分为 5 种类型，即左脑型、右脑型、大脑边缘系统型、小脑型和全脑型。

请大家进行这项自我诊断（见图 1-2）。

诊断
测试

根据以下32个问题把大脑
分成5种类型

请在符合的项目处打"√"

A

☐ 更能理解理论性说明
☐ 健谈
☐ 喜欢分析问题
☐ 擅长计算
☐ 一丝不苟
☐ 习惯用右手

B

☐ 更看重感觉
☐ 注重视觉效果
☐ 经常发呆
☐ 喜欢说真心话
☐ 喜欢鉴赏艺术
☐ 不擅长使用电子产品
☐ 左撇子

C

☐ 喜欢看电影
☐ 情绪比较激烈
☐ 经常依赖直觉进行判断
☐ 经常会与他人产生共鸣
☐ 对气味敏感
☐ 容易流眼泪

图1-2 大脑类型的诊断测试

诊断
测试

**根据以下32个问题把大脑
分成5种类型**

D
- ☐ 玩心重
- ☐ 运动神经发达
- ☐ 平衡能力强
- ☐ 会说多种语言
- ☐ 行动机敏
- ☐ 经常被人夸"手巧"

E
- ☐ 有很多朋友
- ☐ 喜欢读推理小说
- ☐ 会弹奏乐器
- ☐ 乐观
- ☐ 喜欢在自然环境中散步
- ☐ 不在乎失败
- ☐ 能随机应变

在 **A** 的项目中打√最多	➡	左脑型
在 **B** 的项目中打√最多	➡	右脑型
在 **C** 的项目中打√最多	➡	大脑边缘系统型
在 **D** 的项目中打√最多	➡	小脑型
在 **E** 的项目中打√最多	➡	全脑型

图1-2 大脑类型的诊断测试（续）

回答完上面的 32 个问题后，你就能够了解自己的大脑类型了。

简单地说，不同类型的人具备以下不同特点。

- 左脑型的人：语言表达能力、逻辑思考能力、计算能力、分析能力较强。
- 右脑型的人：直觉较强，空间认知能力较强。
- 大脑边缘系统型的人：感情丰富，富有同情心。
- 小脑型的人：运动能力强，反射神经发达，瞬间爆发力强。
- 全脑型的人：同时拥有左脑型、右脑型、大脑边缘系统型、小脑型的特点，各方面发展均衡。

那么，在知道了自己的大脑是什么类型后，我们继续探讨下面的问题。

要点

有效使用大脑的方法是用右脑来输入，用左脑来输出。

大脑也分"男女"

研究表明，在大脑的使用方面，男性和女性是不同的。

例如，在语言交流方面，男性和女性就使用不同的大脑部位。男性主要使用大脑新皮质，女性主要使用大脑边缘系统。

位于左脑的大脑新皮质与各种思考，特别是逻辑思考相关。它是掌管各种感觉的部位，也是与语言理解相关联的部位。

也就是说，男性的行为模式一般是基于一定的逻辑思考的。这是一种以"说话一定要有结论"为准则的大脑新皮质优势型的行为模式。

而女性的行为模式是大脑边缘系统优势型，其特征是做事基于情感，喜欢寻求共鸣。共鸣能激活连接左脑和右脑的脑梁。也就是说，女性把通过右脑形象化的内容，用左脑转化为语言，从而与他人形成共鸣。

概括来说，男性重视结果，即他们会为了将来而努力奋斗；女性重视现在，即她们更愿意活在当下。因此，男性和女性的记忆方法也有所不同。

记忆的中枢是海马体，它位于大脑边缘系统。女性为了寻求共鸣不仅使用大脑边缘系统，还使用左脑和右脑，从而实现大脑各部位之间的协作。而男性注重逻辑思考，形成了一种偏重使用左脑的习惯。

据说，男女行为模式和大脑使用方法的不同可以追溯到狩猎时代。

男性在狩猎的时候为了最高效地捕捉猎物，必然形成优先使用左脑的习惯。

相反，女性不知道什么时候会被野兽和敌人袭击，所以她们会通过和周围人的频繁交流来判断自己是否安全。那么，有助于团结的共鸣型大脑（左脑、右脑共同使用）自然就变得非常必要了。

男性和女性有不同的记忆诀窍

从脑科学的角度来说，男女分别有各自的最佳记忆方法。

女性最好和同伴或朋友一起学习、记忆。相反，男性最好自学。男性在整理完需要记忆的内容后，可以一边小声朗读，一边理解记忆。

但是，左脑型的人不一定只有男性，共鸣型大脑的拥有者也不一定只有女性。因为社会形态已经发生了很大变化。现在已经不是"男性＝狩猎、女性＝家务"的时代了。有不少女性（职场女性）过着"狩猎生活"，干劲十足。男性中也有不少人只做家务（主内）。

你的大脑是左脑型还是共鸣型呢？

说到提高记忆力的诀窍，我建议左脑型的人可以先为自己制定合理的目标。经常为自己制定目标可以让左脑型的人更好地坚持做完一件事情。

而对于拥有共鸣型大脑的人来说，为自己设置奖励很重要。

例如，奖励好好学习的自己一块蛋糕等，或许这么说你会更容易理解。设置奖励可以让自己的情绪长期处于稳定的状态。

这是让女性的情绪保持稳定的关键。所以，要把做事的重点放在如何保持心情愉悦上。不管一件事的结果如何，奖励都能让自己感觉到自己做得很好、很出色，所以奖励的效果会很持久。

顺便介绍一下我私人收藏的可以让你均衡使用左脑与右脑的方法。这个方法就是"单鼻呼吸法"。

研究者发现，左鼻、右鼻呼吸能够造成大脑半球的一侧优势化。也就是说，当堵住一边鼻孔而只用单侧鼻孔呼吸时，脑电图会呈现明显的变化。用右鼻孔呼吸时，大脑左半球更活跃；用左鼻孔呼吸时，大脑右半球更为活跃。

该研究表明，如果你想增强左脑的功能，有效的方法是用手指按住左边的鼻孔，只用右边的鼻孔呼吸。相反，如果你想增强共鸣型大脑的功能，可以尝试用手指按住右边的鼻孔，只用左边的鼻孔呼吸。

但是请大家注意，并不是说因为是男性就要增强左脑的功能。我们的目的是为了均衡使用左脑与右脑，有效发挥大脑的整体功能。

单鼻呼吸练习每天只需要做 2 分钟就能有明显的效果，请大家务必尝试一下。如果你能一边闻着薄荷、迷迭香等香气一边呼吸的话，效果会更好。

● 要点

我建议左脑型的人可以先为自己制定合理的目标。而对于拥有共鸣型大脑的人来说，为自己设置奖励很重要。

细胞也有记忆

我在前面说过，记忆的中枢是位于大脑边缘系统的海马体。事实上，与记忆相关联的不仅只有海马体，每一个细胞都有承载记忆的功能。而且，细胞中存在两种记忆材料：第一种是存在于细胞核中的 DNA 遗传基因；第二种是存在于细胞膜中的蛋白质和肽。

移植是能够说明"细胞存在记忆"的一个例子。你听说过这样的事吗？

一位接受了心脏移植手术的人出现了手术之前从未有过的喝啤酒的欲望，虽然他以前喜欢喝葡萄酒，但手术后他就只喝啤酒，这可能是因为器官捐赠者喜欢喝啤酒。另外，献血也会让人发生一些暂时性变化。

最能有力证明细胞存在记忆的现象是表观遗传。简单地说，表观遗传是指在基因的 DNA 序列没有发生改变的情况下，基因功能发生了可遗传的变化，是除了 DNA 以外，也会进行世代信息遗传的一种现象。这是因为环境因子会遗传。

为了便于大家理解，我在此介绍一个能够说明环境因子会遗传的实验。

令人震惊的线虫实验

人类已经破译了线虫的遗传基因信息。在线虫全部的遗传基因中，有大约40%的遗传基因拥有和人类基因相同的功能。因此，线虫经常充当科学家的研究对象。

线虫从虫卵到幼虫再到成虫，只需要 3 ~ 5 天的时间。因为它们的一生很短，所以可以用来做多世代的实验。

在这项实验中，科学家在线虫身上植入了一个特殊装置，让它在接收到紫外线的照射后就能发光。然后通过线虫发出的光亮来定量地观察它的活跃程度。

科学家把线虫分成两组。一组在 20℃的温度下培养，一组在 25℃的温度下培养。他们发现，放置在 25℃环境中的线虫很活跃。与之相反，放置在 20℃环境中的线虫活跃度低下。

那么，把曾放置在 25℃环境中的一组线虫再放到 20℃的环境中会怎样呢？想必有很多人会觉得它们的活跃度当然也会降低。但事实上，这一组线虫依然保持着较高的活跃度。因为它们曾在温度高的地方生存过，记住了高温环境。

有意思的是，线虫的这种特性会跨世代遗传。更令人惊讶的是，该特性竟会连续遗传 14 代。也就是说，尽管一些线虫从来都没有在温度高的环境中生存过，但依然能保持高度活跃性——是祖先残留的记忆导致了这种现象。

要点

与记忆相关联的不仅只有海马体，每一个细胞都有承载记忆的功能。

科学训练记忆力

　　了解了线虫实验后，有人会认为："果然如此！我没有才能都是因为祖先，我也没有办法啊！"那么，我接下来要给这部分人带来一个好消息：我们可以通过环境弥补遗传因素的不足。也就是说，即使是从现在开始努力，你也能够变得有才能。

　　和我们人类一样，细胞也有神经、肌肉和呼吸器官。细胞的哪个部位相当于我们的大脑呢？答案是细胞膜。

　　在细胞膜上，有一种叫作"受体"的东西，它能连接细胞内外。受体会因为环境的变化帮助细胞进化为更高级别的细胞。增加受体的种类和数量可以有效增强细胞的感受性。

体验新鲜事物

怎样做才能增加受体的种类和数量呢？

最有效的方法就是体验新鲜事物，寻找自己发自内心喜欢的事情（这是我多次强调过的）。如此一来，细胞就能产生新的受体。

如果你对某件事感兴趣并能坚持下去，你就会喜欢它。为了更加喜欢它，你就要反复练习把它做到极致。当你把一件事做到极致后，细胞的受体数量就会最大化，你就能应对所有的反应。

如此可见，细胞的记忆形成于内部，并反映在我们的后代身上，使我们的后代在精神上越来越富足。

要点

我们可以通过环境弥补遗传因素的不足。也就是说，即使是从现在开始努力，你也能够变得有才能。

Chapter 02

哈佛最强记忆法

给你的大脑"松绑"

我先说明一下"解除大脑限制"的重要性。

每个人都对这个世界有自己的认知。这些认知由大脑形成，它们又形成了臆想、观念、信念、概念等，它们都植根于我们的大脑。

也就是说，我们每个人都有一本"大脑教科书"，并且按照这本教科书生活。

我们在日常生活中做出选择和判断的时候，对于超出大脑认知的事情，会感到很困惑。我们常常认为随着年龄的增长，各种知识被输入大脑，好像大脑变聪明了。这其实只是一种错觉。事实上，这种观念性的东西不断积累，反而会对我们不利，使我们想改变也改变不了。

要想提高记忆力，首要问题就是要消除所有臆想。

每次做决定的时候，我们都要有意识地问自己："这是不是我的臆想呢？"一定要让自己在没有臆想的情况下做决定。

我们产生臆想的基础是什么呢？其实是一些消极记忆。这些消极记忆来自失败、挫折、悲伤、恐怖的经历，以及其他不愿想起的经历。为了不让自己再次陷入消极记忆，我们需要知识和思考。而这些知识和思考就会成为我们的臆想。明明想忘掉，却没想到它如此根深蒂固。

但是，如果为了不让那些经历再次影响自己而根据臆想做出决定，过去的那些消极经历就不会重现吗？结果正好相反，不想再次经历的事情会反复发生。

这是因为有一种叫作"镜像神经元"的模仿细胞会模仿大脑潜在的记忆。

正是因为我们被这种臆想所困，才会难以逃脱恶性循环。相同模式的结果会在不知不觉中反复出现。

因此，我们需要解决办法，也就是使用"重构"来改写记忆。

改变记忆的重构法

在这里，重构是指为了改变某件事情的意义而重新构筑我们固有的思维结构。

因为人们都是用各自的价值观来做判断的，所以即使经历了同样的事情，有些人觉得是好事，有些人可能觉得是最糟糕的事。"重构"就是要改变固有的思维结构，从其他角度看待事物。

举例来说，就是怎么理解杯子里有半杯水的问题——是认为"只剩半杯水了"，还是认为"还有半杯水"。

我们要理解为"还有半杯水"。比起一直懊悔，请把焦点放在"这件事有助于我成长"上。如果能这样想，你就会豁然开朗。

请你把消极记忆理解为"有这样的经历真是太好了！"通过这种记忆改写，你的想法和观念都会发生变化。

虽然对过去的记忆和既定事实无法改变，但是我们可以回到那个瞬间，改变对事实的思考方式，这是我们随时都可以做到的。

请欣然接受并感谢曾经历过的消极的事情，这样你过去的记忆就会被改写，"臆想细胞"就会变成"幸福细胞"。这样的话，你就会从恶性循环中解脱出来。这真是一件不可思议的事。

当你面临选择时，请抛弃臆想再做决定。如果有两个选项，那么选一个平时不会选的也许也不错。

另外，还有一点很重要，那就是回归童心。我们长大以后，大脑被知识填满，感觉自己好像变聪明了。但实际上，我们会经常被很多模式困扰，被迫行走在狭小的世界里。因此，我建议你在做选择时，试着想象一下自己回到童年会做出怎样的选择，然后再做决定。

以上这些做法其实都是在解除我们对大脑的限制。

要点

请你把消极记忆理解为"有这样的经历真是太好了！"通过这种记忆改写，你的想法和观念都会发生变化。

大脑如此构造是为了遗忘

记忆的附属物是遗忘。

有一个很有名的实验，描述了遗忘的规律，被称为"艾宾浩斯遗忘曲线"（见图 2-1）。

德国心理学家艾宾浩斯用随机的三个字母的排列组合作为记忆材料，让人们记忆，然后观察他们经过多长时间会忘掉。

结果显示，人们在学完 20 分钟后忘了 42%、1 小时后忘了56%、1 天后忘了 74%、1 周后忘了 77%、1 个月后忘了 79%。

也就是说，我们在 1 小时后，就已经忘记一半以上的内容了。所以，如果不及时复习，那些你好不容易记住的东西就会被遗忘。

那么，我们应该怎么做才能减少遗忘呢？

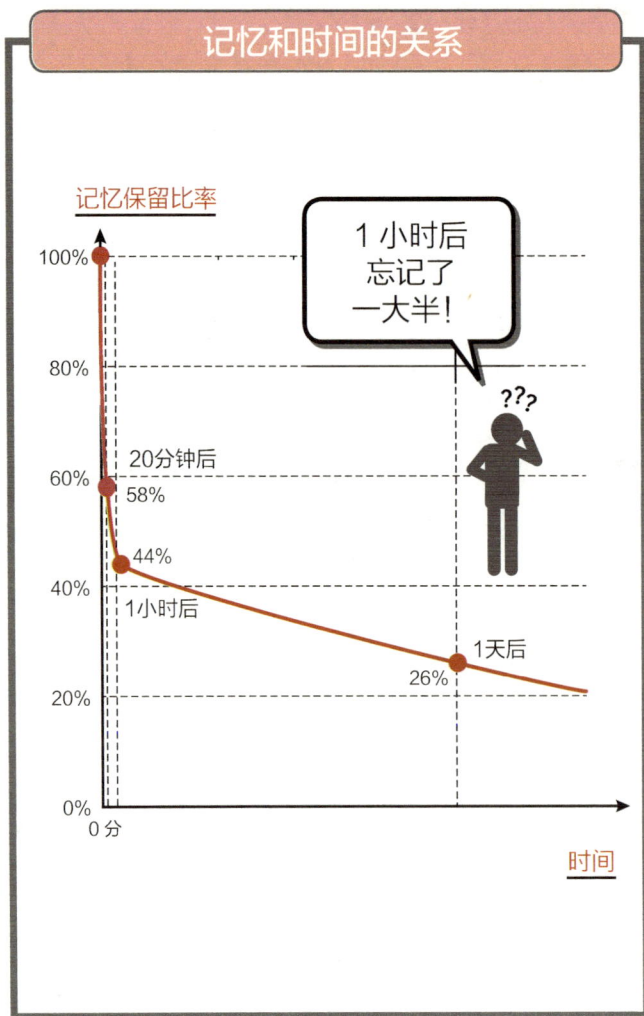

图 2-1　艾宾浩斯遗忘曲线

答案非常简单，那就是重复。而且，要动员一切可以调动的感觉去重复。

让我们这样理解吧：遗忘绝不是什么糟糕的事情，被遗忘的都是应该遗忘的，有其特定的意义，因为有遗忘才能有记忆。我们就是这样，一边遗忘一边在书写新的记忆。只有如此，我们才能写出属于自己的人生故事。

所以，请温暖地守护健忘的自己吧。也请你不要执着于记忆，尽情地期待新的故事吧！

通过违背艾宾浩斯遗忘曲线巩固记忆

有一个方法可以让你用尽量少的复习次数和复习时间来维持记忆。

那就是通过违背艾宾浩斯遗忘曲线让记忆得到巩固，具体做法如下。

① 在睡觉前把当天想记忆的内容总结到 1 张 A4 纸上（用时 15 ～ 30 分钟）。

② 第 2 天起床后立刻把①中总结的内容重新看一遍（大约用时 15 分钟）。

③ 第 3 天睡觉前把①中总结的内容再次看一遍（大约用时 10 分钟）。

④ 第 5 天睡觉前再次把需要记忆的内容总结到 A4 张上。把自己怎么都记不住的内容写大点或者涂上颜色（大约用时 10 分钟）。

⑤ 第 7 天睡觉前把④中总结的内容重新看一遍（大约用时 3 分钟）。

⑥ 1 个月之后，在睡觉前把①中总结的内容重新看一遍（大约用时 2 分钟）。

这个方法对巩固记忆非常有帮助，请你一定要试一试。

要点

有一个方法可以让你用尽量少的复习次数和复习时间来维持记忆。那就是通过违背艾宾浩斯遗忘曲线让记忆得到巩固。

亚洲人的 IQ 比较高

将记忆定量化的工具就是大家都知道的 "IQ"。

IQ 包含两个基本要素：一是晶体智力，是指能有效利用存储在大脑里的知识（信息、技能、经验等）的能力；二是流体智力，是指能有效发挥创造力、认知力、观察力的能力。

教育对记忆力的提升起着十分重要的作用。研究结果显示，亚洲人的 IQ 较高，但亚洲人不够关注流体智力的发展。这种类型的教育往往会导致人们的心理压力也随着 IQ 的提高而上升。

培养全脑型的孩子

为什么亚洲人的 IQ 比较高呢？

亚洲人都有一个共同点——从小就去补习班学习。他们不仅在学校里学习，放学后还会在补习班继续学习。这一点也说明了他们生活在激烈竞争的环境里。

这是一种用考试分数决定将来的教育。这样的教育能培养出具有思考力和创造力的孩子吗？他们能成长为有个性的孩子吗？

结果只会是他们能回答有标准答案的常规问题，但如果遇到没有标准答案的问题时，他们也许就会不知所措了。因为对他们的教育就是以"考试合格"为目标的，为了考试而学习的东西基本上都不会在长时记忆里留下痕迹。

这样一来，我们就无法发现孩子的独特个性并提供有针对性的教育。

这也是未来教育的课题之一。为了培养出全脑型的孩子，我希望改变现在的教育方式。

培养大脑各个部位的能力也就是帮助大脑实现各个部位输入、输出之间的协作。这样培养出来的孩子的 IQ 自然会很高，并且他们的生存能力（EQ）也会很高。

要点

为了考试而学习的东西基本上都不会在长时记忆里留下痕迹。

输入→形成想法→输出→输入

说到记忆，人们往往重视信息的输入。但是，活用输出可以有效地将输入的信息变为长时记忆。

把输入的信息和大脑里既存的记忆联系起来就会形成一些想法。我们需要找到一种输出方式把这些想法表达出来。

因为我们在输出时可能会遇到问题、发现不明白的地方，所以我们就会再次调查，记忆就会变得更加深刻。

请尝试在输入之后马上输出，输出之后再输入。也就是说，不是一味地持续输入，而是通过形成想法达到记忆的目的，然后再输入。这样的话，你可能会在不知不觉中成为一个领域的优秀人才。这样做还可以使连接左脑和右脑的脑梁神经纤维束变粗，使大脑的协作能力变强。

事先计划好怎样输出

输入信息，形成想法，再次输出——不断重复这一过程，我们对某个领域的兴趣就会加深，也会形成自己的见解并乐在其中。

我有一个诀窍，就是在输入信息之前就事先计划好怎样输出，这样就有了目标，记忆的效果也会更加显著。

当你读完一本书后把这本书的内容和别人分享或者写在日记里，看完一部电影后与朋友交流一下观后感等，这些都是很不错的做法。

"输入→形成想法→输出→输入"这样的不断重复是提高记忆力的诀窍。

要点

在输入信息之前就事先计划好怎样输出，这样就有了目标，记忆的效果也会更加显著。

从"情绪记忆"突破

掌管情绪的杏仁核和掌管记忆的海马体二者的位置非常近，有着非常密切的联系。

如果你带着不安、生气、恐怖的情绪记忆，那么可能不会有什么好结果。

在这种消极情绪无法从大脑中消失的时候，你可以做这样一个训练，它可以让你保持稳定的情绪，从而更好地记忆。

这个训练叫作"感恩训练"。你只需要在开始记忆前花费1～2分钟做一下这个训练就可以实现记忆力的极大提高，请你务必尝试一下。

有助于记忆力提高的感恩训练

这个训练极其简单。请把所有值得感恩的事情都尽可能大声地说出来。如果有人在你旁边，那就说给他听。

例如，你可以这样说：

"天亮啦！能见到太阳，我很感恩！"

"今天我非常健康，我很感恩！"

"能吃到美味的早餐，我很感恩！"

"感恩经常关心我的朋友！"

"感恩养育我的父母！"

"感恩给予我新鲜空气的大自然！"

总之，请在 1 ~ 2 分钟内把你能想到的感恩对象像打机关枪似的全部说出来。虽然做法很简单，但是训练后的效果非常明显。

有时，简单的事情会对大脑产生很大影响，因为我们以情绪为基础记忆经历，我们的记忆也因情绪而变得稳固。

如果以情绪为基础进行记忆，经历就会被输入到长时记忆里。也就是说，如果一件事情给你带来了积极情绪，你就会想再次经历这件事并且会不由自主地期待着它再次发生。

要点

如果你带着不安、生气、恐怖的情绪记忆，那么可能不会有什么好结果。

巧妙利用直觉和闪念

有时，我会想如果能巧妙利用直觉和闪念来记忆该有多好啊！

直觉产生于位于大脑基底的纹状体。一般认为它是负责学习技能的重要部位。

与弹奏吉他、骑自行车、握杯子等相关的"程序性记忆"就是由纹状体来负责的。

例如，手握杯子的动作看似简单，其实是由多个动作组合而成的。而在这个过程中的大量细致的计算都是由纹状体来完成的，并且这些计算都是在无意识中进行的——你也不知道为什么就会握杯子了。

因为可以产生无意识反应，所以这种记忆也叫作"内隐记忆"。人们往往认为产生于内隐记忆的直觉力是很难通过锻炼得到的。但如果能多次重复记忆中的经历，使之铭刻于心，那么这个经历在某一天可能就会变成内隐记忆，最后成为直觉力。

相反，基于闪念做出的反应是有原因的。例如，你能回答下面的问题吗？

<问题> 11·22·●·44·55，●处应该填什么数字？

很多人都知道●处应该填"33"。原因是这些数字是以从小到大，以及等差为 11 的规律而排列的。

闪念由海马体而产生，基于闪念的记忆被称为"外显记忆"。思想分为两种，即来自闪念的思想和来自直觉的思想。要想锻炼直觉力，你就要亲自经历，进行多次感知。

锻炼直觉力的 7 个诀窍

怎么做才能锻炼直觉力呢？

我有 7 个锻炼直觉力的诀窍，可以供大家参考：

- 不勉强自己迎合别人；

- 坚持做自己喜欢做的事情；

- 养成重启大脑的习惯；

- 在日常生活中多接触大自然；

- 体验新鲜事物；

- 时常感动；

- 不断挑战并分享成功经验。

只要在平时多注意以上这些事情，直觉力就能得到有效的锻炼。

要点

要想锻炼直觉力，你就要亲自经历，进行多次感知。

通过模仿培养观察力和快速思考力

大脑可以通过模仿得到锻炼。因此，我们在记忆某些领域的知识时，应该先找到该领域最优秀的人，然后不断学习和模仿他们身上的优点和长处。

如前文所述，在我们的大脑细胞里有一种擅长模仿的叫作"镜像神经元"的细胞。实际上，有些事情我们仅仅看到过却从未亲身经历过，通过镜像神经元我们也可以像经历过那些事情一样，在大脑中再次浮现那些事情发生的场景。这个过程就叫作"虚拟体验"。

现在，请说出你身边 5 个人的名字。

如果我告诉你，在你的身上已经有这些人的影子，你会有怎样的感受呢？

或许你会感到开心，或许你会觉得郁闷吧。如果长期和爱说人坏话或消极的人相处，这些行为就会通过镜像神经元最终体现在你自己身上。

大脑是一个很神奇的东西，它会"观察"眼前的人并在不知不觉中把此人当作自己的模仿对象。

跟随老师学习到的东西记得最牢

我建议你有意识地找一个老师，然后跟着老师学习，大脑细胞就会体验这个学习过程。这是一种帮助我们记忆的有效方法。

热情测试是一个科学而有效的方法，它能帮助人们重新燃起热情、唤醒沉睡的天赋，实现生命的价值。珍妮特·布蕾·艾特伍德是一名致力于自我启发的专家，她将这个方法推广到了全世界。我把她当作我的老师，努力观察她，模仿她的用词和表达方式并将其铭记于心。

先从模仿开始进入一个领域，然后再去寻找自己的风格。这就是"守破离"① 的过程。唱歌也一样，我们可以先去观察很多不同的演唱方法并从中找到自己想学的，然后努力复制那种歌唱方法。

也就是说，我们要在能够很好地模仿他人后再去试着培养自己的风格。在模仿时请彻底成为那个人，完全照他的做法去做，也完全按照自己听到的发声，不用在意听到的是什么。即使那个人有口音，也要用和他一样的音调去唱。我就是这样做的，所以我上小学时记住的歌词直到现在都忘不了。

如果别人对你说："总觉得你好像某某啊！"那么，你的模仿就算合格了。

请寻找一个人作为老师或模仿对象。从你找到那个人的时候起，镜像神经元就已经开始模仿了。

---

① 是日本剑道的一种学习理念，后延伸到其他领域。"守"是指最初阶段要遵从老师的教诲以达到熟练的程度；"破"是指试着突破；"离"是指自创新招数，另辟新境界。——编者注

要点

我建议你有意识地找一个老师，然后跟着老师学习，大脑细胞就会体验这个学习过程。这是一种帮助我们记忆的有效方法。

Chapter 03

增强记忆力的 6 种荷尔蒙

情节记忆和乙酰胆碱

只要谈到记忆这个话题，我就必然要给大家介绍脑内荷尔蒙。准确地说，脑内荷尔蒙应该叫作"神经递质"。我们要想将记忆通过颞叶准确地转化为长时记忆并保存下来，就需要及时分泌脑内荷尔蒙。在本章，我将介绍与记忆有关的脑内荷尔蒙。

首先，我想为大家介绍乙酰胆碱，它是与情节记忆相关的脑内荷尔蒙。

情节记忆是指由体验而获得的记忆，是个人的经历和回忆，是一种有特定的时间、地点、人物等信息的记忆。

例如，你应该有参加学校运动会的长跑比赛的记忆，也有第一次去旅行的记忆吧！人人都应该有这种有特定时间和地点的记忆。

相反，课堂上学习的内容属于语义记忆。这种记忆方式并不能牵动我们的情绪而引起我们的兴趣，所以这些记忆往往很快就会被我们删除。

如果能将情节记忆和语义记忆很好地结合起来，我们的记忆力就会提高。

具体来说，就是将语义记忆的内容付诸实践，使之与情节记忆相结合。这样，这些内容就能被长久地记住。也就是说，我们应该通过把与自己完全无关的语义记忆与自己的真实经历相结合，将语义记忆转化为长时记忆。

例如，我很喜欢旅行，对当地的古迹、文化遗产、历史和美食都很感兴趣。于是，我经常会提出"为什么""是怎么做的"等疑问并想亲自调查一番。我调查得越深入就越感兴趣。就这样，我不断重复着对语义记忆的提取和调查。

这种状态下的语义记忆会变成非常深刻的记忆，与在学校学到的知识相比，简直有天壤之别。

另外，我们还可以把各种语义记忆应用到对应的场景中，这也是能长期保存记忆的诀窍。以情节记忆为基础，用语义记忆来充实内容，这样做可以最有效地促进记忆的形成。

山口大学的美津岛大教授等人的研究表明，人在学习的过程中，海马体内的乙酰胆碱的分泌量逐渐增加，在学习结束后仍然能够维持较高的水平。

顺便说一下，阿尔茨海默病患者的情节记忆障碍很严重，海马体中的乙酰胆碱的浓度下降得特别明显。

另外，研究报告显示，因大脑外伤等原因造成的情节记忆丧失能够通过服用含有乙酰胆碱的药物得到恢复。这也说明乙酰胆碱是形成情节记忆的重要物质。

适度运动能够促进乙酰胆碱的分泌

有没有什么方法可以让乙酰胆碱在体内及时分泌或促进乙酰胆碱的分泌呢？

最有效的方法就是适度运动。运动可以让乙酰胆碱释放到神经突触部位。我建议大家经常散步，以微感呼吸急促的程度为宜。

如果你长时间使用大脑，大脑内有一种叫作"腺苷"的物质就会增加。而腺苷会抑制乙酰胆碱的分泌，所以请注意不要用脑过度。

咖啡中含有的咖啡因可以抑制腺苷的生成。饮用适量的咖啡可以抑制腺苷从而促进乙酰胆碱的分泌，对于提高记忆力很有帮助。但是，摄入过多咖啡因会增加胃的负担，也请大家注意这一点。

另外，去卡拉 OK 唱歌也是一个很有效的方法。据说练习背诵歌词能够有效促进脑内乙酰胆碱的分泌，所以我们在卡拉 OK 唱歌时最好不要看字幕提示。

要点

我们应该通过把与自己完全无关的语义记忆与自己的真实经历相结合，将语义记忆转化为长时记忆。

提高斗志的睾酮

睾酮主要与身体、精神、性等方面有关。它是一种男性荷尔蒙。当然女性也能分泌睾酮。另外，睾酮还有生成"动力之源"——多巴胺的功能。

睾酮有维持线粒体健康的作用，而线粒体是掌管精神活动和延缓衰老的细胞器。

线粒体是细胞进行有氧呼吸的主要场所，是细胞中制造能量的结构。在防止细胞衰老方面，线粒体有非常重要的作用。

睾酮含量充足的人一般不会急躁，也很少失眠。

如果睾酮能充分发挥作用，我们就会变得热情高涨并充满斗志，大脑内就会形成有利于记忆的环境。

最近，我听到一种说法：男性也有更年期，其根本原因就在于睾酮的减少。

在男性更年期，由于睾酮的减少，男性对事物的判断力、记忆力等认知机能会下降。同时，他们在精神上会经常感到不安，所以他们的生活热情和工作积极性也会受到影响。

下午 2 点半至 3 点是体内睾酮含量较低的时间段。在这个时间段，不宜做需要较强记忆力的工作。

通过激烈运动促进睾酮分泌

短暂的激烈运动是促进睾酮分泌的最佳方法。例如，能够让人大量出汗的跳舞和肌肉训练等都是可以选择的方式。

另外，优质的睡眠也是不可缺少的。

锌、维生素 D、氨基酸、亮氨酸的摄入也有助于睾酮水平的提高。

最后我再补充一点，要想提高睾酮水平还要注意控制体重，因为一般来讲，肥胖的人其睾酮水平都比较低。

要点

下午 2 点半至 3 点是体内睾酮含量较低的时间段。在这个时间段，不宜做需要较强记忆力的工作。

负责谈恋爱的雌激素

众所周知，雌激素是一种女性荷尔蒙。我刚才说过女性也会分泌睾酮，同样，男性也会分泌雌激素。有趣的是，在 10 岁以下与 50 岁以上这两个年龄段中，男性的平均雌激素含量高于女性。

雌激素是一种能让我们产生丰富情感的荷尔蒙。一般认为，这种荷尔蒙的作用之一是通过扩张脑血管增加血流量，从而影响记忆力和学习能力。

有一个关于老鼠的实验可以说明这一点。实验对象是通过操作遗传基因而被限制了脑血管流量的老鼠，并且是切除了雌激素主要分泌器官（卵巢）的雌性老鼠。

一般情况下，在大脑的神经细胞周围存在一种胶质细胞。胶质细胞对神经细胞功能的发挥起辅助作用，但是切除了卵巢后的雌性老鼠的胶质细胞会膨胀，而膨胀后的胶质细胞会影响神经细胞间突触的连接，进而引起记忆障碍。这种胶质细胞的膨胀在神经受到损害时表现得尤为明显。

由此可知，不仅男性荷尔蒙与记忆有关，女性荷尔蒙也与记忆有关。

可能有人会产生这样的疑问："研究者怎么测试老鼠的记忆力水平呢？"在这个实验中，研究者为老鼠建造了一个迷宫，把"老鼠花费多长时间走到终点"作为记忆力水平的指标。

喜欢上他人后，记忆力会提高

那么，我们怎样做才能提高雌激素水平呢？

最有效的方法就是谈恋爱。为自己喜欢的明星或运动员加油助威也可以促进雌激素的分泌。

如果你认为自己雌激素不足，可以尝试着去谈一场令人心跳的恋爱。

另外，锻炼盆底肌肉也可以有效促进雌激素的分泌（锻炼方法可参照图 3-1）。

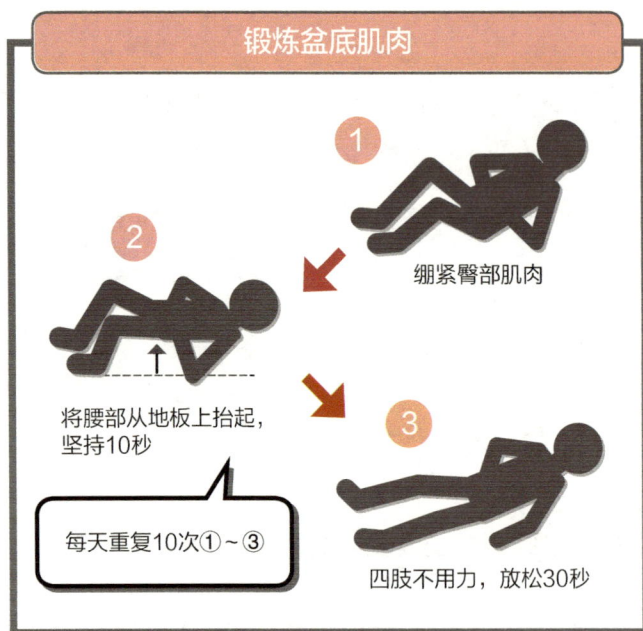

图 3-1　锻炼盆底肌肉的方法

具体的锻炼方法如下：

- 仰面朝天躺下，两膝微微弯曲，两脚打开并做到与肩同宽；

- 两手放在小腹上，绷紧臀部肌肉；

- 抬起臀部，使膝盖、腹部、胸部在一条直线上，并保持 10 秒；

- 保持臀部的紧绷状态，慢慢呼吸数次后，放下臀部；

- 四肢不用力，放松身体 30 秒；

- 请大家将这套动作每天重复 10 次。

另外，增加男性荷尔蒙需要减肥，但是过度减肥反而会使雌激素减少，所以请务必注意这一点。

要点

如果你认为自己雌激素不足，可以尝试着去谈一场令人心跳的恋爱。

与空间记忆有关的 5- 羟色胺

5- 羟色胺广泛分布于大脑，是一种能使情绪保持稳定的荷尔蒙。

它也是调节心情与情绪的最重要的荷尔蒙。与被称为"夜晚荷尔蒙"的褪黑素相反，5- 羟色胺被称为"白天荷尔蒙"。

5- 羟色胺对记忆力有辅助作用。首先，空间记忆就与 5- 羟色胺的含量有关。5- 羟色胺分泌充足的人往往能很快熟悉一个地方。

另外，5- 羟色胺还与成瘾性疾病有关。5- 羟色胺分泌不足的人很容易有酒瘾、烟瘾、毒瘾、赌瘾。除此之外，它在情绪记忆方面也很重要，5- 羟色胺的分泌可以调节情绪的波动。情绪不稳定会导致注意力难以集中，进而影响我们的识记能力。

通过日光浴促进 5- 羟色胺分泌

因为 5- 羟色胺是"白天荷尔蒙",所以提高 5- 羟色胺分泌量的重要方法就是沐浴阳光。

另外,腹式呼吸(特别是呼气)也能有效增加 5- 羟色胺的分泌量(我会在后文中详细介绍腹式呼吸的方法)。

在饮食方面,摄入含有色氨酸和维生素 B6 的食物也能有效增加 5- 羟色胺的分泌量。因为色氨酸是神经递质的原料,而维生素 B6 是合成 5- 羟色胺所必需的物质。

具体而言,三文鱼富含色氨酸,我建议大家将其作为摄取5- 羟色胺的辅助食品。

亲近大自然也可以提高 5- 羟色胺的分泌量。

如果能定期让自己置身于大自然中,5- 羟色胺的分泌量就会大幅增加。

要点

提高 5- 羟色胺分泌量的重要方法就是沐浴阳光。

提高干劲的多巴胺

虽然我在前文中已简单地介绍过多巴胺，但是因为它很重要，在此我想再详细地介绍一下。

多巴胺主要生成于大脑基底核。它是一种可以让人提高干劲的荷尔蒙，由酪氨酸合成。酪氨酸是儿茶酚胺类物质的神经递质的原料，具有调节郁闷情绪的效果，是一种"非必需氨基酸"。

多巴胺含量的减少会让人对事物提不起兴趣，也会让人的精神状态变差、运动机能下降。因多巴胺含量减少而引起的代表性疾病是帕金森病。

多巴胺主要影响人的工作记忆，因为多巴胺对记忆的识记和保持非常重要。

研究报告显示，多巴胺的释放可以让记忆保持得更久。

怎样才能提高多巴胺含量

要想提高多巴胺含量，就要先增加笑的机会。

我们在笑的时候，重点在于嘴角，只要微微扬起嘴角就能形成笑脸。请你对着镜子练习一下。

即使是强行放声大笑，也能有效提高多巴胺含量。

你可以提前在网站上挑选几个能令你放声大笑的视频，然后在想集中精力学习的时候先看看这些视频。

要点

要想提高多巴胺含量，就要先增加笑的机会。

巩固记忆的催产素

催产素在下丘脑合成，由脑垂体后叶分泌。

催产素以前被认为是女性特有的荷尔蒙，女性在生产或哺乳时会分泌催产素。

但是最近它也被称为"幸福荷尔蒙"和"信赖荷尔蒙"，它作为一种对男女都很重要的荷尔蒙而受到人们的关注。男性要想有幸福感，其体内的催产素也必须保持高浓度才行。

在极度的压力状态下，人体分泌催产素的能力会下降。研究报告显示，如果身体释放催产素，长时程增强效应就会变强，这有助于记忆的巩固。

与他人的肌肤接触可以促进催产素的分泌

那么，有没有促进催产素分泌的方法呢？

当然有！快速增加催产素分泌的方法就是和家人、恋人愉快地生活在一起，并增加肌肤接触的次数。

拥抱是增加催产素分泌量的最简单的方法。要想大量分泌催产素，我们需要每天拥抱 8 次。

聚会也能有效增加催产素的分泌量。所以，请以"促进催产素的分泌"为由多和他人交往吧！

另外，热情待人、在公共汽车上给他人让座、帮别人拿行李等行为也能促进催产素的分泌，大家可以试试看。

要点

快速增加催产素分泌的方法就是和家人、恋人愉快地生活在一起，并增加肌肤接触的次数。

Chapter 04

把记忆力提高到极限

遵循记忆的 3 个步骤

我们的记忆过程分为以下 3 步：

- 识记；
- 保持；
- 想起。

第 1 步是"识记"，是指把从外部获取的刺激信息输入大脑海马体的过程，在心理学上也叫作"编码"。

第 2 步是"保持"，即将长时记忆的信息"保持"在大脑的颞叶。

第 3 步是"想起"，是指在必要时将已经记住的信息调取出来，并加以灵活运用。

以上 3 个步骤非常重要。

想起和回想

举个例子，请你回想一下"突然忘记"时的情形。当你感觉想说的话都到嗓子眼儿了但就是说不出来时，你一定很不甘心又很烦恼。这就是"突然忘记"的状态。

但是，在某个时候你会突然想起之前想说的话是什么。这是因为这些记忆并没有消失，而一直好好地保存在你的大脑中。实际上，这也是一种想起的状态，叫作"熟知"。相反，我们把在一瞬间想起某件事的详细情况的过程称为"回想"。

从脑科学的角度讲，"识记"与神经突触的构筑（输入）有关，"保持"与神经突触的胶着有关，"想起"与神经突触传导的效率有关。

识记时的冲击力度越强，就越能促进神经的新生，以及新的神经突触之间的汇合。

多次使用这些汇合线路后，神经突触就会坚固地胶着在一起，识记的信息就可以转变为长时记忆并得以保持。

如果记忆能成为你的一个想法并能被运用，那么记忆和记忆就会相互连接，神经细胞之间的交流就会变得更加活跃。于是，我们就能在任何时候都很自然地想起自己曾记忆过的内容。

要点

在某个时候你会突然想起之前想说的话是什么。这是因为这些记忆并没有消失，而一直好好地保存在你的大脑中。

自由操控长时记忆

长时记忆可以分为语义记忆、情节记忆、程序性记忆、经典条件反射、启动效应这几类。

● **语义记忆**

语义记忆一般是指对知识的记忆。我们常说的记忆很多时候就是指语义记忆。

● **情节记忆**

情节记忆是指与个人的亲身经历有关的记忆，这些记忆与特定的时间、地点、人物相关联。例如，"那年3月，毕业典礼结束后，我和几个朋友去了卡拉OK唱歌，我们喝酒喝到第二天早上""我前天晚上吃的是米饭"，这种记忆就属于情节记忆，特别是前者与一生仅有一次的"自我成长经历"紧密相关。这种记忆又被称为"自传体记忆"。

● 程序性记忆

骑自行车、弹奏乐器等行为与程序性记忆有关。这种记忆一旦形成，我们不用特别注意做法也能够自然做到。它是我们在学习技能时常常使用的记忆方法。

极少有人在骑自行车时一直盯着脚蹬子看。钢琴家即便不看着键盘也能准确无误地弹奏。这种铭刻在内心的记忆就是程序性记忆，它是通过大脑基底核和小脑形成的记忆。大脑基底核有调节幅度比较大的动作的作用，小脑有调节细小动作的作用。

● 经典条件反射

有一个非常有名的实验——"巴甫洛夫的狗"的实验，它可以很好地解释这种记忆。

实验人员在给狗喂食前附加一个"声音"条件，狗只要听到这个声音就会无意识地分泌唾液。我们应该也有类似的经历吧？例如，我们只要想到杨梅就会分泌唾液。

大脑并没有针对特定的声音或视觉形象（如杨梅）做出"分

泌唾液的反应"，但是会因为这些声音或形象的伴随结果——长时记忆而无意识地分泌唾液。这是通过大脑边缘系统实现的长时记忆。

另外，也有通过训练形成条件反射的情况。例如，狗的"握手"行为就是一个很好的例子。如果主人发出"握手"的口令并向狗做出"伸出手"这样的刺激，就会让狗做出"伸出手"（狗的前腿）的反应。这是通过狗的小脑实现的一种长时记忆。

● 启动效应

这是一种深受"先入为主"观念影响的记忆。

我们做一个小实验。请大家看这样一组词：南瓜、洋葱、"菜菠"、圆白菜。这里面有一个在汉语中并不存在的词语，请选出来。

你选择了哪一个呢？如果选择了"圆白菜"，那你就彻底上当了。

事实上如果你仔细看一下，就会发现"菠菜"被写成了"菜菠"。你注意到了吗？

很多人可能都没有注意到这一点。这是因为我们的大脑会把一个词语当作一个"语块"来理解，误以为"这个是菠菜吧"。这种记忆是通过大脑新皮质实现的一种长时记忆。

体验才是最快的记忆方法

以上所说的长时记忆可以分为"大脑记忆"和"身体记忆"两种类型。

如果只使用大脑记忆，有时就会受到"先入为主"的观念或自我意识的影响而犯错。

因此最有效的记忆方法是将大脑输入的记忆付诸实践，即体验这些记忆。

请你回想一下化学课上的情景。大家会把从教科书或课堂上学到的知识通过实验来确认。这就是将大脑输入的记忆付诸实践的过程。

我们在体验时瞬间产生的感觉、情绪会被大脑主动地接收并作为长时记忆存储下来。

因此，先通过大脑输入记忆内容，然后尽快体验，这才是最快的记忆方法。

要点

最有效的记忆方法是将大脑输入的记忆付诸实践，即体验这些记忆。

如果没有海马体

在此，我想讲述一个真实的故事。

亨利·古斯塔夫·莫莱森是著名的大脑研究专家。他患有严重的癫痫病，为了缓和病症他接受了切除大量海马体组织和内侧颞叶组织的手术。手术后，他的癫痫病得到了很好的控制，这说明手术很成功。

但是，手术后发生了大家预料之外的事情。对于手术前就已经知道的事情（过去的事情），他还能记得一部分；对于手术后发生的事情，他却完全记不住了。由于极度健忘，他已经无法形成新的记忆了。

在某个时间点以前的记忆受到损害的情况称为"逆行性遗忘症"，在某个时间点以后的记忆受到损害的情况称为"顺行性遗忘症"。

亨利表现为重度顺行性遗忘症和轻度逆行性遗忘症。之后，他作为研究对象被研究了几十年。

因为亨利的帮助，人们知道了海马体和记忆的形成有关，而这些记忆都与人、地点、事物、事件相关。

亨利告诉我们的事

我说过很多遍，记忆分为短时记忆和长时记忆。

一般我们所说的短时记忆是指那些能够瞬间进入我们意识中的信息，这种记忆基本上在几十秒后就会消失。长时记忆是指那些能将大量信息保持几分钟、几天，甚至几个月的记忆。亨利手术后丧失了一部分长时记忆。

我最喜欢的演员亚当·桑德勒和德鲁·巴里摩尔共同出演的电影《初恋 50 次》讲的就是一个关于记忆的故事——主人公只要睡一觉，第二天早上她醒来时，之前的记忆就会完全丧失。这也是一种丧失长时记忆的表现。电影中的故事很浪漫，让人觉得

"丧失记忆真是太棒了"！因为每天都可以体验初恋的感觉。

但是亨利的记忆只有 30 秒。可以说他的人生每过 30 秒就结束一次，这是我们无法想象的事。

但是，因为有他的配合，人们知道了大脑中存在分别掌管短时记忆和长时记忆的记忆回路。这两种记忆回路是完全不同且相对独立的。

如果用一句话概括他的人生，那就是："他将遗忘日常化。"遗忘是他的工作，也是他的贡献！

要点

大脑中存在分别掌管短时记忆和长时记忆的记忆回路。这两种记忆回路是完全不同且相对独立的。

有助于提高记忆力的食品

有些食品有助于提高我们的记忆力。在这一节，我会介绍几种有益于提高记忆力的食品。

激发大脑的 5 种食品

● 含有卵磷脂的食品

乙酰胆碱是一种能够影响学习、记忆、觉醒和睡眠的神经递质，对身体来说，它也是一种作用于休息和能量储备的传导物质。

因为乙酰胆碱是由胆碱生成的，所以含有大量胆碱的卵磷脂是增加乙酰胆碱含量的关键性物质。

大豆和蛋黄富含卵磷脂，所以把纳豆和生鸡蛋混合后浇在米饭上吃对增加人体的乙酰胆碱含量非常有效。

● 猴头菇

猴头菇可以被用作食材和药材，是蘑菇的一种。猴头菇中含有的猴头菌酮可以促进神经生长因子的合成。

另外，猴头菇中含有的磷脂质有预防内质网应激反应的功效，并具有抑制神经细胞死亡的作用。

神经生长因子虽然无法通过血脑屏障，但是猴头菌中含有猴头菌酮和磷脂质。这两种物质的提取物可以通过血脑屏障，被输送到大脑内并对神经细胞起保护作用，进而影响脑内环境，提高我们的记忆力。

● 枸杞子

大脑如果营养不良，作为大脑记忆中枢的海马体立刻就会有反应。大脑中最脆弱的部位就是海马体。

枸杞子中的营养成分可以保护为大脑输送营养的血管，从而高效地将氧输送至大脑。另外，枸杞子富含铁元素，能有效避免海马体营养不良，并预防痴呆症。枸杞子还具有很强的抗氧化能力，对于抗衰老也很有效。

● **地中海式饮食（鱼 + 橄榄油 + 核桃 + 葡萄酒）**

核桃富含不饱和脂肪酸、亚麻酸及多酚类物质，这些物质对提高记忆力也有一定的帮助。

亚麻酸会在体内转化为 DHA 和 EPA。秋刀鱼、沙丁鱼、青花鱼等鱼类富含能活化脑神经的 DHA 和清理血管的 EPA，所以我们可以多吃这类鱼。橄榄油富含有抗氧化作用的维生素 E。喝少量葡萄酒可以摄取多酚类物质，也具有抗氧化的效果。研究结果显示，地中海式饮食可以使大脑萎缩的概率减半。

● **黑巧克力**

前不久有人发表了一篇名为"在巧克力消耗量大的国家，诺贝尔奖获得者的人数多"的论文。

巧克力中的可可多酚有抑制活性氧的功能。巧克力的原料可可粉有强化海马体机能的作用。因此，我建议大家平时多吃一些含糖量少、可可含量多的黑巧克力。

要点

地中海式饮食可以使大脑萎缩的概率减半。

普鲁斯特会因为"香味"想起幼年时代

来自大脑新皮质的信息被读取并保存于海马体后会成为记忆。

五种感观能刺激大脑新皮质，帮助信息顺利输入海马体。

其中，特别是"香味"对巩固长时记忆和唤起记忆有着不容忽视的作用。

"普鲁斯特效应"就是能够说明香味作用的一个例子。

这个效应的出处是法国小说家马塞尔·普鲁斯特的代表作《追忆似水年华》：主人公因为闻到玛德莲蛋糕泡在红茶里的香味而想起了他的幼年时代。虽然在当时读者会觉得莫名其妙，但是随着嗅觉研究的发展，人们知道了特定的香味可以将与之相关的记忆从大脑的"箱子"里引诱出来。

因为身体有记忆，所以手脚也会不由自主地活动起来。例如，我的"普鲁斯特效应"就是我偶然在电车或站台上闻到了曾经喜欢的同学身上的香水味道，身体就会自觉地转向散发气味的方向，想要找到那个香味的散发者，心脏也开始快速跳动——这一系列反应都是生理性的记忆重演。

如果你把需要记忆的内容通过香味来锚定，就会比较容易形成长时记忆。所有的记忆法都会利用这一点。

嗅觉是所有感觉中最原始的一种。在狩猎时代，它是保护我们活下去的一种不可或缺的感觉，在日常生活中很常用。

与前面介绍的线虫一样，果蝇也经常被用于遗传学的研究。在一项实验中，果蝇在过了 50 多年、历经了 1400 代后有了一个显著的变化，那就是嗅觉变得非常发达。

它们不是用视觉，而是用嗅觉来感知性外激素从而进行繁殖的。嗅觉就是如此原始又重要的感觉。

在现代社会，应该也有很多人认为气味和记忆没有太大关系。事实上嗅觉受到气味刺激后，可以直接将信息传送至大脑边缘系统的海马体，这是其他感觉都不具备的一个特征。而且，传送时间竟然只有 0.1 秒。也就是说，气味在一瞬间就可以刺激海马体。

因此，如果我们平时多接触香味，记忆力就自然会得到训练。

在此，我推荐大家使用精油。精油是以从植物的花、果皮、果实、根、种子中提取出来的天然物质为原材料而制成的挥发性芳香物质。

值得注意的是，我们最好使用 100% 天然的精油，也就是不含合成香料、酒精等成分的纯精油。这样就不会产生不愉快的感觉，而可以将刺激信息直接传送至大脑边缘系统。

通过香味使效果最大化

具体什么样的香味比较好呢？下面，我根据不同的使用场景分别为大家介绍。

- **想集中注意力的时候**

可以使用迷迭香、柠檬或薄荷。

迷迭香中含有樟脑，樟脑具有集中注意力的作用。

柠檬中含有柠檬醛，据说柠檬醛有让人振作精神、积极主动的效果。

● **想提高记忆力的时候**

可以用迷迭香、茶树、罗勒的气味刺激海马体。

● **休息的时候**

可以使用薰衣草、乳香等放松大脑，为下一次的集中注意力做准备。

● **学习结束的时候**

为了减少压力，你可以闻一些自己喜欢的香味。

我推荐玫瑰、茉莉和桃金娘。这些植物的香味能够让你心态平和、心胸开阔。

在使用方法上，你可以往专用的器皿里滴几滴精油，芳香就会充满房间。这样才能让海马体持续受到刺激。

我在各种场合都会使用精油。即使是在让记忆存储为潜在意识并使其习惯化的锚定效应中，精油也会发挥作用。

这样的话，在形成习惯的初期，我就可以轻松地坚持下来。

我曾在诺森比亚大学学刊上发表过迷迭香精油能够通过刺激大脑神经提高记忆力的文章，世界上有很多人都在使用这个方法。

要点

如果我们平时多接触香味，记忆力就自然会得到训练。

拿到"终身驾驶证"

佐治亚理工学院的研究结果显示,如果坚持做 20 分钟的肌肉训练,与之相关的记忆力就会提高 10%。

也就是说,肌肉训练能够有效提高我们的记忆力。

能够通过运动得到锻炼的记忆是情节记忆。

运动能够促进大脑的神经递质"去甲肾上腺素"的分泌,从而使脑内神经网络畅通无阻,便于记忆的巩固。

另外,除了记忆力,运动还和觉醒、专注力、积极性、灵活性有关。

锻炼肌肉记忆

下面，我想说一说关于肌肉的一些小知识。

一般认为，肌肉是有"记忆"的。这就是"铭刻在肌肉里的记忆"。如果一个人过去曾接受过严格的训练，即使暂时停止了训练，在重新开始训练后他也能很快地恢复到原来的水平。

简单地说，假设你努力做了 3 年的肌肉训练，增强了肌肉力量，而现在因为某些原因很长时间都没有训练了，如果想恢复到最好的状态，是不是还需要再进行 3 年训练呢？答案是否定的。

因为你的肌肉记忆会发挥效果，在重新开始肌肉训练后，大概用几个月的时间，肌肉力量就可以恢复到以前的水平。

这就好像肌肉记住了自己最强时期的状态一样，肌肉力量会快速恢复，这就是肌肉记忆。

其原理就是肌肉的细胞核一旦通过肌肉训练增加了，即使不做训练它也会一直存在。

肌肉细胞核至少能保持 15 年的稳定状态。

我经常这样鼓励我的客户：为了自己 10 年或 20 年后的状态，现在就开始锻炼身体吧！

要点

如果坚持做 20 分钟的肌肉训练，与之相关的记忆力就会提高 10%。

想建造自己的"记忆宫殿"就去旅行吧

在这一节，我想详细介绍一下已经在前文中提到过的空间记忆。

请你想象一下从自己家步行到最近的公交车站的路线。

首先，打开家门走到楼梯是你能够立刻想到的。然后请你再想一下路上的斜坡、商店、建筑物，以及一些其他标记。你还能想起来吗？

这就是空间记忆。

我曾多次搬家，但是我能清晰地想起从曾经的住所到公司的路线。我还喜欢走从未走过的新路线，家附近有几条道路早已铭记于心，所以就能大致想象出整个空间。我肯定不会记错附近的便利店、迂回的道路、停车场、超市、饭店、高速道路的出入口等。

提高空间认知的能力，也能间接地提高记忆力。而且在各种记忆方法中，也有将空间认知力和记忆对象组合在一起进行记忆的方法。也就是把空间的一些关键点用作记忆的锚点。

你可以以车站为终点，当你从家出发后把 10 个地点设定为记号地点，然后把这些记号地点和记忆的对象进行组合记忆。例如，"那个拐弯处有某个英文字母"等。

即使是乍一看很难理解的单词，用这种方法记忆也会比死记硬背更容易。

这是一种通过把大脑不擅长记忆的信息转化成大脑擅长记忆的信息，从而提高记忆力的方法。

锻炼空间记忆的方法

我建议大家可以通过旅行锻炼自己的空间记忆力。

不论是国内还是国外，你只要出去走走就可以锻炼空间记忆力。

当你去旅行的时候，请通过步行来锻炼空间记忆力。另外，自己建造的"记忆宫殿"也可以在需要工作记忆的时候派用场。

具体来说，就是在你现在居住的地方"探险"，仔细观察半径300米区域内的各个角落，发现每个地方的特点。那么，在你需要工作记忆的时候，这些探险就能帮上忙（请注意千万不要因为"探险过度"而让邻居觉得你很可疑）。

我顺便再推荐一种锻炼空间记忆的运动：攀岩。

这类运动要求敏捷的动作，需要我们在决定手脚放置处的同时快速向上爬，即使内心恐惧也要不停地向上攀登。

这也是最适合锻炼身体协调能力的运动。攀登天然峭壁可以培养面对挑战的积极性。即使对于那些不想提高记忆力而想开阔视野的人，我也推荐这项运动。

我在波士顿大学留学时每周都去攀岩俱乐部锻炼空间记忆力。

总之，攀岩是一项非常好的大脑训练，很适合我们锻炼大脑的灵活性、设计能力和空间认知力。

要点

自己建造的"记忆宫殿"也可以在需要工作记忆的时候派用场。

想提高记忆力就去玩耍吧

说到玩耍的高手，那必然是孩子。

孩子有一种能力，他们能在无意识中把身边的一切都变成游戏和玩具。

我一听到玩耍，就会想起父母。我小时候曾是（可能现在也是）一名"玩耍高手"，脑子里总是想着："玩些什么好呢？"不过，我基本上都是一个人玩耍。例如，我会摆弄各种新玩意儿或挑战各种新鲜事物，喜欢并且擅长用身体语言表达情感。现在我也还记得那时候常常被父母骂："你就知道玩儿，能不能去学习！"

我之所以要说这些，是因为玩耍能够让我们的大脑细胞变得更加活跃。

玩耍也是一种大脑训练方式

具体来说，玩耍有哪些要求呢？我认为有以下 5 个：

- 尚未体验过的新事物；
- 具有挑战性；
- 尽可能大规模；
- 尽量活动到全身；
- 以大自然为游戏场所。

因为玩耍会调动五种感观，也会使大脑各个部分的综合能力得到发挥。所以，对大脑来说，玩耍是再好个过的训练方式了。

想一想，我们竟然能把玩耍作为训练大脑的方式，这真是奢侈啊！那么，请你现在就思考一下最想玩的是什么？请抛开时间、地点和预算，只要很单纯地去思考："我要做点什么才好玩儿呢？"

什么样的游戏能够令你兴奋呢?

从未体验过的事情、具有挑战性的事情、想尽快去做的令你快乐的事情,等等——请把这些都加入你的游戏清单里。

不要考虑做法和过程,先把重点放在"做什么可以令自己兴奋"这一点上。

玩耍可以让身体所有的细胞发生变化、提高新细胞间的突触的黏着度。如此一来,我们的大脑便可以保持灵敏,记忆力也一定会提高。

要点

玩耍会调动五种感观,也会使大脑各个部分的综合能力得到发挥。所以,对大脑来说,玩耍是再好不过的训练方式了。

Chapter 05

使身体和大脑都处于最佳状态

调节脑外环境的 4 个要点

下面，我将介绍使身体和大脑都处于最佳状态的方法，以便提高我们的记忆力。

我在前文中已经阐述过调节脑内环境的重要性，本章将集中探讨如何调节脑外环境才能有助于记忆。

影响脑外环境的 4 个重要因素是呼吸、姿势、电磁波和血管。

● 呼吸

这里的呼吸不仅指我们平时所说的"呼吸"（肺部呼吸），也与"细胞呼吸"（细胞内的呼吸）有关。

细胞呼吸在线粒体中进行。细胞呼吸如果能够顺利进行，生物体的能量来源——三磷酸腺苷就可以生成，从而使人不易疲劳，并且能够长时间保持较高的工作效率。也就是说，大脑记忆的效率会提高。

我们平时所做的肺部呼吸是很重要的。因为呼吸会影响氧气吸入，而氧是否能够到达脑部对于提高记忆力至关重要。

众所周知，呼吸有胸腔呼吸和腹式呼吸等多种方式。

因为短浅的呼吸会使大脑疲劳，所以，如果我们想提高记忆力，对呼吸状态的观察也是不可或缺的。有意识地通过深呼吸来调节大脑环境是很重要的事前准备。腹式呼吸是促进脑内荷尔蒙——5-羟色胺分泌的有效方法。腹式呼吸可以在各种状态下进行。我们躺着、坐着、站着、走着，都能进行腹式呼吸的训练。请你尝试按照一定的节奏有意识地、慢慢地做深度的腹式呼吸（具体的呼吸方法将在下一节中说明）。

通过做腹式呼吸，我们能够为大脑提供充足的能量。

● **姿势**

请你在镜子前确认一下自己的姿势。确认姿势时请注意以下几个要点。

从侧面看的时候，请确认从上往下，耳垂、肱骨头、股骨、外脚踝能否在一条直线上。从正面看的时候，要确认骨盆左右高度是否一致、左右肩的高度是否一致、左右膝盖高度是否一致等。

大脑的位置如果和重力矢量不一致，颈部、面部、头部的肌肉及关节部的负担就会加重，进而影响脑内环境。

另外，姿势不当还会引起慢性疼痛，而疼痛又会对记忆产生影响。

请你回想一下牙疼时的情形。牙疼的时候，你是不是会觉得："哪里还有什么心思学习啊？"

- **电磁波**

电磁波是一种具有电和磁两种性质的波。

波鸿鲁尔大学研究了电磁波与记忆的关系。

他们观察了接受手机电磁波照射 2 小时后的海马神经细胞（与学习、记忆相关），发现由于电磁波的照射，记忆力与学习能力出现了低下现象。

这表明，电磁波的强度可能会影响记忆力。

● **血管**

"年轻的"血管能保持良好的弹性和柔软度，这是我们维持健康的根本。

另外，植物神经的平衡调节功能可以让血流量在一整天内都得到调节。

大脑向目标部位发出指令后，通向该部位的血管会瞬间收缩、输送血液。而目标部位的血管就会扩张、充满血液，从而保证目标部位高效地工作。因为人体要调用的部位需要血流量，所以这个部位的血管就必须扩张。记忆的时候也一样，与记忆相关的脑细胞血管的顺畅运行能够让识记变得更轻松。

为了让这种"血管力"发挥自如，我建议大家进行走路训练和局部肌肉训练。

走路被称为"全身调节运动"，是能够运动全身的训练方法。

走路的要点是尽量迈大步和匀速前进。建议你在有节奏地迈大步的同时，也要注意自己的呼吸，以 20 分钟快走为目标进行走路训练。

与之相比，肌肉训练是一种只使用身体局部的训练方法。我建议大家做一些手脚肌肉、肱二头肌、腹肌，以及背部肌肉的训练。目的是通过粗壮肌肉和微细肌肉的交替训练提高血管的弹性。

我推荐的训练方法是用自身体重增加负荷的自重训练，而非器械训练。请大家选择适合自己的方法训练。

要点

为了让这种"血管力"发挥自如，我建议大家进行走路训练和局部肌肉训练。

早上的时间和腹式呼吸

人们经常说："能否有效利用早上的时间决定着你能否取得成功。"

早上的时间确实很重要。更具体地说，应该是起床后的 2 ~ 3 小时非常重要。

因为这个时间段是一天内注意力最集中的时间段。这与大脑神经递质之一的 5- 羟色胺有关。在我们早上起床后，5- 羟色胺的含量会上升。

而且，这个时候如果能沐浴阳光，5- 羟色胺的上升速度会加快。在这个时间段，交感神经也非常活跃。因此，这是发挥大脑功能的最理想时间段。

如果我们在早上做一些能频繁使用大脑的事情、自己喜欢的事情或当下正在挑战的事情，就可能达成目标。因此，我建议那些将起床后的 2 ~ 3 小时用于通勤的人尽量早点起床，把这段时间用在脑力开发上。

能够优化大脑的腹式呼吸法

另外，能够促进 5- 羟色胺分泌的简单方法还有腹式呼吸法（见图 5-1）。

将空气从鼻子吸入并送至腹部，待腹部充分鼓起后收缩腹部，同时慢慢呼气（用 2 秒吸气、用 8 秒呼气），如此重复 10 次。

通过腹式呼吸，能不断将氧气输送到大脑，5- 羟色胺的分泌量也会上升。

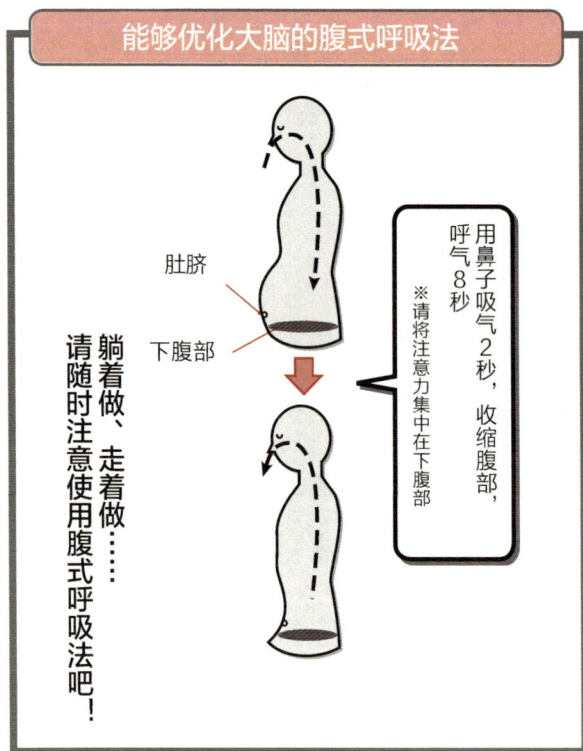

图 5-1　腹式呼吸法

要点

如果我们在早上做一些能频繁使用大脑的事情、自己喜欢的事情或当下正在挑战的事情，就可能达成目标。

优质的睡眠有助于长时记忆

睡眠对于提高记忆力非常重要。

一般认为，睡眠遵循"慢波睡眠"（大脑休息）和"快波睡眠"（身体休息）的周期循环规律（约 90 分钟为 1 个周期），人的平均睡眠时间大致包含 5 个周期。

身体健康的人闭上眼睛后在 10 分钟以内就能进入睡眠状态。

睡眠时，我们的大脑会进行清扫，神经突触的间隙以及神经突触的周围都会变得通畅。脑内环境会因此得到优化。

另外，被称作"夜间荷尔蒙"的褪黑素与"成长荷尔蒙"也会在睡眠时分泌。它们具有"为觉醒做准备"的重要作用。

在睡眠期间，我们的记忆会更容易变成易于想起的长时记忆。也就是说，学习之后的充分睡眠可以巩固记忆，让我们处于能够随时想起的状态。

哈佛大学医学院专家罗伯特的研究表明，如果想掌握新的知识和技术，那么在学会它的当天就必须保证充分的睡眠。

研究进一步指出，一夜不睡的"临阵磨枪式"记忆法并不会将知识铭刻在信息的储藏库（颞叶）中，这些知识在几天内就会被完全忘记。

睡觉之前的背诵很重要

有一个黄金时间非常适合记忆。睡觉前的时间对提高记忆力非常有帮助。

睡觉前的 15 ~ 30 分钟是记忆的黄金时间，请大家一定要把这段时间设定为背诵时间。

请在床上进行每天最后 5 分钟的复习。

一上床，大脑就会做入眠准备，脑电波会变成 θ 波，人就会慢慢进入浅睡状态。θ 波对提高记忆力有很大贡献。如果不想睡，就躺着。

在我学习外语的过程中，经常将睡觉前的 15 分钟作为背诵单词和短语的黄金时间。

要点

睡觉前的 15 ～ 30 分钟是记忆的黄金时间，请大家一定要把这段时间设定为背诵时间。

θ 波是记忆的关键

最适合记忆的大脑状态和脑电波紧密关联。

脑电波分为 5 种：α 波、β 波、θ 波、δ 波、γ 波，各种脑电波都对记忆有影响。

人们都知道出现 α 波意味着大脑处于放松状态。只要闭上眼睛放松一会儿，就能体验 α 波。α 波是以每秒 8 ~ 13 次频率振动的波形。

当 β 波出现时，海马体的神经细胞之间的连接性特别强。

我们在觉醒状态下，β 波是以每秒 13 ~ 40 次频率振动的波形。另外，在我们感到焦虑或厌烦的时候也会出现 β 波。

θ 波主要是由海马体发出的一种脑电波，频率约为每秒 5 次，特点是有规律、有节奏。当 θ 波出现时，我们就会进入所谓的心流状态，可以发挥超乎想象的能力。

θ 波经常会在我们遇见新事物、初次去一个地方的时候出现。它会让我们记住当时发生的所有事情。

当 θ 波出现的时候，海马体会处于一种被激发的状态。记忆也会更容易成为长时记忆并得以巩固。

θ 波可以向大脑输入看到的事物、听到的声音，并把这些信息作为长时记忆存储在大脑颞叶中。如果这么说，大家是不是就能感受到 θ 波对记忆的重要性了？

顺便说一下，儿童的学习能力、记忆能力都很强，如果让他们学习一门外语，他们会比成年人更容易掌握。

这是因为大约在 6 岁之前，θ 波在我们的脑波中都占据主导地位。

特别是 2 岁以下的婴儿的脑电波能够持续处于 θ 波状态。

因此在孩童时期，我们的大脑非常擅长吸收和存储各种外界信息。

怎样才能让 θ 波出现

松果体是与 θ 波的释放密切相关的部位，其大小和豌豆相当。该部位也分泌褪黑素，所以与睡眠也有着很紧密的关系。

一般认为，适度刺激松果体可以让大脑有效地释放 θ 波。5-羟色胺是刺激松果体使其释放 θ 波从而让自己达到心流状态的关键。褪黑素的分泌也需要充足的 5- 羟色胺。

那么，怎么做才能使大脑释放 θ 波呢？诀窍就是做自己喜欢做的事情。

思考自己喜欢做的事情，展开想象，然后践行——这种习惯会为我们的大脑营造一个有利于释放 θ 波的环境。

如果每天都能把喜欢做的事情放在最优先的位置，对各种事情都充满好奇，那么你的大脑就会进入尽情释放 θ 波的状态，记忆力也一定会增强。

当你遇到从未体验过的事情时，θ 波的力量也能为你提供帮助。

持续释放 θ 波可以引起长时程增强效应（LTP），记忆就能顺利地转化为长时记忆。

另外，在进行记忆前做一些轻微运动也可以让大脑进入易于释放 θ 波的状态。但让人产生疲劳感的运动会适得其反，所以请避免剧烈运动。从时间上讲，运动 5 ~ 10 分钟就足够了。

我推荐大家做"θ 波伸展运动"（见图 5-2）或瑜伽。在做运动时，如果能将令人心情平静的波浪声或潺潺的水声作为背景音乐边听边做，效果会更好。

"θ波伸展运动"

仰面躺下，慢慢呼吸

用力拉伸

45度

15～20秒

左手向左上方
右脚向右下方
用力拉伸
（眼睛看着手指）

45度

重复做2～3组

放松10秒后

右手向右上方
左脚向左下方
用力拉伸
（眼睛看着手指）

45度

15～20秒

45度

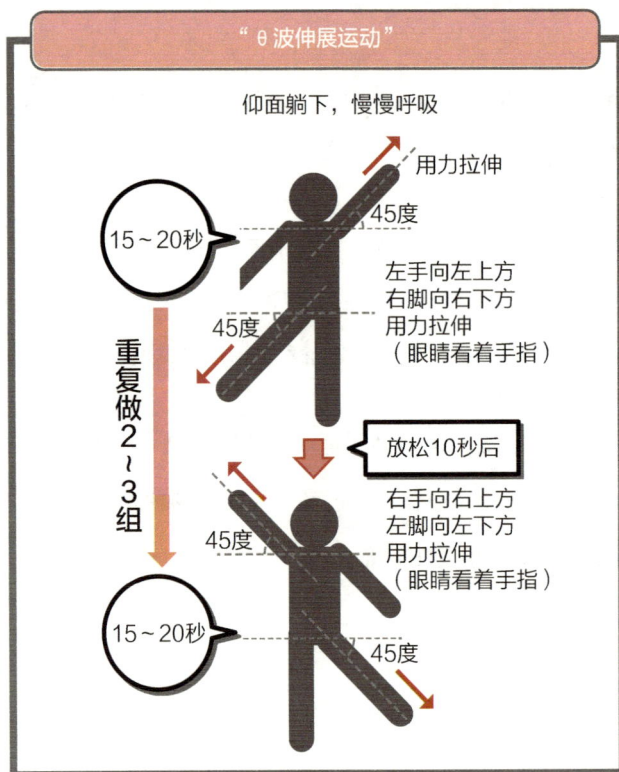

图 5-2　促进 θ 波释放的伸展运动

要点

那么，怎么做才能使大脑释放 θ 波呢？诀窍就是做自己喜欢做的事情。

通过冥想调节大脑和身体的状态

冥想和记忆力有密切的关系。

我们平时所进行的记忆其实只使用了大脑功能的很小一部分。相反，冥想可以激发整个大脑。

如果总是使用相同部位，大脑就会疲劳。

我们可以通过冥想重启大脑，然后在下次记忆时使用异于上次的神经回路并付诸实践。如果大家这样做，记忆就会存储得更加牢固，也会更容易转化为长时记忆。

研究表明，习惯冥想的人能自由地释放 α 波，创造能够提高记忆力的脑内环境。

总而言之，冥想后的脑内环境对于我们提高记忆力非常有效。

但这并不意味着我们每天必须做长时间的冥想，即便是 5 分钟左右的短时间冥想也会有很好的效果。

近些年，很多书店里都陈列着大量冥想类书籍，全世界都在关注冥想。冥想不仅能够让我们缓解压力，还能达到很多其他功效，其中之一就与记忆力有关。

我一直把每日 2 次、每次 20 分钟的冥想作为每天的例行之事。冥想具有提高记忆力中的"想起力"（想起某事的能力）的作用。研究报告表明，如果我们能每天平均冥想 27 分钟，连续坚持 8 周，那么与记忆、学习相关的大脑灰白质的比率就会提高。

从哈佛时代就开始践行的冥想法

我大约是在 10 年前学习了真正的冥想法。从我进入哈佛大学医学院开始，每当自己感到有压力或疲劳的时候，我就会通过以下两个步骤进行冥想。

- 第 1 步，只要把眼睛闭上就可以了。

> • 第2步，有意识地呼吸，特别是要尽可能延长每次呼吸的时间，重复5次。

　　虽然只有两个步骤，但是只要在傍晚做了冥想练习，我就能集中精力从事自己的研究工作，有时稍不注意就能工作到夜里12点。这样的经历我有过很多次，切实感受到了冥想的效果。

要点

这并不意味着我们每天必须做长时间的冥想，即便是5分钟左右的短时间冥想也会有很好的效果。

重启大脑能有效提高记忆力

为了最大限度地维持记忆的效果，我们必须注意不要用脑过度。

疲劳是过度使用大脑的征兆。易疲劳、易厌烦、睡眠不足等症状是大脑发出的疲劳警报。

大脑疲劳后，间脑的表现会变差，进而导致压力增大。压力增大会引发疾病，导致我们的身体和精神出现异常。

压力会影响海马体

如果压力过大，身体内就会蓄积一种叫作"皮质醇"的荷尔蒙。

皮质醇是一种能在压力状态下保护我们身体的重要荷尔蒙。皮质醇从我们起床前的 3 小时起就开始快速分泌，在起床时它的含量会达到峰值。

如果皮质醇的含量值升高，我们的身体感受到的压力就会增大。

大脑中最不抗压的部位就是记忆中枢——海马体。如果压力过大，流向海马体的血液量就会减少，细胞的营养供给量也会降低。

抑制大脑疲劳的 7 个重启方法

我们要想抑制大脑疲劳应该怎么做呢？

在此，我想介绍几个具体的方法。

● **促进 β - 内啡肽的分泌**

β - 内啡肽是能消除压力、使海马体活跃的脑内荷尔蒙，是脑内吗啡的一种。因为 β - 内啡肽具有抗氧化作用，所以它能消除大脑疲劳。适度的有氧运动可以促进 β - 内啡肽的分泌。

● **波动体验**

所谓"波动"是指稍微偏离平均值，具有"某种程度不规律"特性的规律性现象。

什么叫作"不规律的规律性"？或许大家很难懂吧。那么，请大家试想一下，大海波浪的声音和"森林浴"。

当你走在森林中时，你可能会有这样的感受：

从茂密的树叶的空隙照下来的阳光轻轻地洒落在你身上，舒适的微风温柔地将你包裹，蝉鸣声和鸟叫声从各处传来，你可以听到潺潺的流水声，那声音随着你的走动而时远时近……各种随机的外界信息就这样不断刺激着你的感观。

现在是不是能够想象波动的感觉了？波动体验会对间脑产生影响，具有消除大脑疲劳的作用。

● 闻精油

精油有缓解大脑疲劳的效果。具体来说，薄荷、乳香、薰衣草、香草比较好。

● 尝试发呆

研究表明，发呆的时候正是大脑整体都在工作的时候。

我们把大脑的全速运转叫作"默认模式网络"。

即使我们在拼命学习的时候，大脑也只是有一部分区域在工作，其他大部分区域都是不工作的。这是集中于一点的工作方式，也就是说，大部分区域都处于不工作的状态。

相反，在我们发呆的时候，整个大脑都在活动，消耗的能量也是集中于一点时的 20 倍。研究结果显示，发呆其实是专心致志的表现，它能够使人发挥出强大的能力。

发呆对于记忆力的提高也非常重要。

研究报告显示，研究人员将人"做特定行为时的大脑活动"与"发呆时的大脑活动"进行对比后发现：人在发呆时，与记忆相关联的大脑部位都比较活跃。

补充一下，对人类来说，默认模式网络有以下三种功能。

第一种是自我认知、自我接受，也就是更加了解自己、接受自己、发现自己。

第二种是对自己所处状态的认识。

第三种是记忆。

我以前经常被人说"特别爱发呆"。先不管这是好事还是坏事，但我在发呆后的确会产生很多奇思妙想。

自不必说，有些奇思妙想也成了我做研究的思路。

● 小憩

小憩可以理解为午睡。这里所说的午睡是指 25 分钟左右的短时间睡眠。

在 1 个睡眠周期中，我们最先经历的是慢波睡眠阶段。在这个阶段，我们的大脑会得到休息和重启。需要注意的是，25 分钟后我们就会进入深度睡眠阶段，觉醒会变得非常困难。

我们在午睡时可以使用耳塞和眼罩这些小物件来隔绝外界。我们可以塞上耳塞，戴上眼罩，尽可能地减少感官刺激。

小憩的诀窍是提前设置好感应闹钟。

● "数码排毒"

电磁波对大脑的影响不容忽视。

有益于大脑的做法是：每月 1 次，将自己从手机等电子设备中解放出来。

如果可以，我们最好每个月都拿出一定时间将自己置身于大自然中，给自己一段远离电子产品的时间。但去之前千万别忘了通知你的亲朋好友自己会在一段时间内无法取得联系。因为在这个时代，只要消失一会儿，你身边的人就会开始担心，甚至会报警寻找你。

● 看电影（体验感动）

研究报告显示，我们的眼泪中含有因压力而分泌的皮质醇。也就是说，流眼泪可以缓解压力使人变得轻松。

电影能让人最快地体验感动。

我是个影迷，只要一有空闲时间就会看电影。我一天可以连续看 5 部电影。

我在搭乘国际航班时，只要一坐到座位上就开始看电影，在途中基本上能看 4 ~ 5 部。而且当我看到让人感动的情节时，会情不自禁地流下眼泪。

重启方法之特别篇

- 头部水疗

当我们压力过大的时候，头皮也是硬邦邦的。在这种时候，我建议大家去做头部水疗。

我成为头部水疗爱好者已经 5 年多了。我非常喜欢头部水疗，在工作中也会不断学习并掌握头部水疗的知识与方法，有时我还会为客户提供服务。

请你找一下附近做头部水疗比较好的店铺，去体验一次吧。

要点

每月 1 次，将自己从手机等电子设备中解放出来。

自信可以增强记忆力

我问你一个非常简单的问题。不管是在工作中还是在生活中，你都能真实地"做自己"吗？

你是不是会无意识地认为"展现真实的自己很难为情"，并且会尽量不让自己太显眼？

我就有这种想法。在我印象中，自己没有自信，不愿意出头露面，经常因为紧张而心跳加快。

然而，将信息转化为长时记忆进而保留下来的过程需要我们有自信。

通过能量姿势获得自信

没有自信的人应该怎样获得自信呢？

研究报告显示，养成练习"能量姿势"的习惯是提高自信的一个好方法，也就是通过肢体语言来恢复自信。

没有自信的人经常会跷二郎腿、蜷缩身体或者把手放在脖子上，这些动作都是在无意识中做出的。如果经常这样做，你就无法获得自信，长久下去也会对记忆力产生负面影响。

人体内有一种荷尔蒙会因为能量姿势而发生改变，它就是睾酮（男性荷尔蒙）。睾酮和大脑的认知功能相关，会在我们做决定和判断时发挥作用。

研究报告显示，只要我们摆出能量姿势，体内的睾酮含量就会上升约20%，给自己带来自信。由此可见，提高睾酮含量对增加自信是非常有帮助的。

有了自信，我们就能扩大自己的行动范围，挑战更多事情。

不管结果如何，充满自信去行动的经历和体验都会比较容易转化为长时记忆。

能量姿势类似于奥运会 100 米赛跑中选手在到达终点线时摆出的姿势，也就是将双臂打开并伸直，呈 V 形。我们也可以像电视剧中的长官那样，把脚放在桌子上，双手在头后交叉（见图 5-3）。

虽然这看起来的确有些装模作样，但是只要保持这样的姿势1 ～ 2 分钟，你体内的睾酮含量就会发生变化。

希望大家注意，尽量不要在工作场所摆出这些姿势。这个练习只是能让自己获得自信的方法，并非向别人显示自信的方法。

当你有了自信后，就可以表现真实的自己，活出你自己的精彩人生。

图 5-3　能量姿势

要点

不管结果如何，充满自信去行动的经历和体验都会比较容易转化为长时记忆。

Chapter 06

学习外语有助于提高记忆力

最强外语学习法

研究报告显示，学习外语有助于记忆力的提高。因为我们在学习不同语言时需要使用不同的大脑区域，这对记忆力的影响会在处理多项任务时表现出来。也就是说，学习外语和提高工作记忆力紧密相关。

所以，我想在本书的最后给大家介绍一些学习外语的诀窍。在本书的前言中我便提到过，我在记忆力方面并没有自信。但是，我从小就对外语特别感兴趣，高中时除了英语之外还学习了法语和韩语。

现在我已经能够熟练运用多种语言了。我在此介绍一下自己学习外语的技巧，希望能对大家有所帮助。

背诵单词和影子跟读

外语学习的重点在于背诵单词和影子跟读。

我们要注意，不要一个一个地背诵单词，而要将其拆开来记忆。而且，要至少背诵 10 遍。

关于影子跟读，简单地说就是"模仿音频的发音，跟着朗读"的学习方法。把听到的句子立即读出来可以锻炼我们将信息输入大脑后立即输出的瞬间爆发力。据说这种练习能够提高工作记忆力。影子跟读有以下几种效果。

- 节奏感会越来越好，语调也会越来越好听。
- 发音会更加准确。
- 明确断句（换气）的位置。
- 习惯语言的速度。
- 提高反应能力。

请选择自己感兴趣的内容作为影子跟读的材料。我建议使用著名人士在大学生毕业典礼上的演讲稿。这些演讲稿中有很多震撼人心的内容，听着就令人兴奋。

通过影子跟读，我们能够锻炼将听到的内容快速输出为语言的神经反应能力。我们的听觉信息由颞叶部位处理，不仅如此，颞叶也和声音以外的文字信息有关。另外，颞叶还是保存短时记忆的部位。

从这个意义上讲，我想大家应该理解了为何大声诵读是学习外语的重要一环了吧。提高神经反应能力是外语学习的关键。

我实践过的另一个学习外语的技巧是一边发呆一边听外语音频。

请大家尝试一下一边发呆一边无目的地听音频，这个过程可以用右脑记忆来解释。

左脑的功能主要是理解记忆，当我们无法使用左脑记忆却还要坚持输入信息时，大脑就会使用右脑来记忆。这样一来，原本通过单词来理解的内容就可能会变成通过短语、文段等形式来理解。

右脑记忆法是一种学习外语的好方法。速听也是一样的道理，是一种让左脑感到混乱并放弃努力，从而让右脑记忆的方法。

另外，定期参加外语等级考试也是我想推荐的一种锻炼大脑的方法。这种考试从听力、阅读、反应速度等各种方面来讲都非常适合用来锻炼大脑。我一直坚持每年参加一次外语等级考试。

要点

请大家尝试一下一边发呆一边无目的地听音频，这个过程可以用右脑记忆来解释。

外语学习的本质就是养成习惯

我想向大家介绍 7 种学习外语的习惯。养成以下 7 种习惯对学习外语有很大帮助。

"川崎式"外语学习习惯

- ● 明确学习外语的目的

第一步就是为自己制定一个明确的规划。例如，你想使用外语和什么样的人交往、想做什么事，等等。这是外语学习的重要一步。

● **寻找能让你每天坚持学习的工具**

近年来，网上出现了很多方便学习外语的工具，它们可以让你每天都很积极地学习。我觉得可以使用这些工具坚持学习。

● **制订出国计划**

要为自己制造使用外语体验事情的机会。通过给自己的出国之行设定期限，你的积极性也会得到提高，因此请制订一份详细的出国计划。

● **通过影子跟读锻炼反应能力**

这一点是指前面提到的影子跟读练习。因为它就像肌肉训练一样，所以每天做 10 ～ 20 分钟就足够了。

● **一边发呆一边听音频**

从网站上找到自己喜欢的音频（如演讲音频），然后一边发呆一边听。可能的话，可以先用 1.5 倍速度或 2 倍速度听完后再用正常的速度听。

● 坚持输出

我们要创造更多的说外语的机会。我建议大家通过社交软件寻找能为自己纠正发音和语法的人。同时你要寻找一些适合自己的输出方式。我推荐大家使用在线课程，因为它会给你自由讨论的机会。除此之外，市面上也有很多可以免费体验的外语学习班，请大家务必尝试一下。

● 在外国说外语

大家可以通过志愿者活动或者出差等机会实际体验与外语相关的业务。如果能做到这一步，说明你已经具备了运用外语的能力。

要点

> 从网站上找到自己喜欢的音频（如演讲音频），然后一边发呆一边听。

20 个魔法提问助你掌握长时记忆法

感谢你读到最后。

如果你读到了这里，可以说你已经迈出了提高记忆力的第一步。接下来，你只需要注意在生活中使用本书中介绍过的方法和习惯，就能提高运用大脑的效率。

在本书的结尾，我要送一个礼物给你。

这个礼物就是帮你找到只属于你自己的故事（长时记忆）的20 个问题。

通过回答以下 20 个问题，请你整理一下自己的记忆吧，唤醒那些对你而言很重要的记忆，那些记忆里或许有一部分是你以后所需要的。

请用充足的时间认真回答下面的问题。

请你慢慢地闭上眼睛，深呼吸 3 ~ 4 次。然后，把双手贴在胸前，回答下面的问题。

- 你做过的最丢脸的事情是什么？

- 你最恐怖的经历是什么？

- 最让你感动的事是什么？

- 在你过去的经历中，最大的挑战是什么？

- 你最开心的事情是什么？

- 你最后悔的事情是什么？

- 你感觉最幸福的瞬间是什么？

- 你觉得最美丽的地方是哪里？

- 在你所有去过的地方中，最难忘的是哪里？

- 你最珍视的东西是什么？

- 最让你兴奋的经历是什么？

- 想想你最应付不来的人是谁，他对你做了什么？

- 你觉得做起来最有充实感的事情是什么？

- 让你最能感受到爱的事情是什么？

- 在什么时候最能让你感到安稳？

- 你最想成为的人是谁？

- 你最羡慕别人的是什么？

- 你得到过高度赞扬吗，是什么事？

- 除了家人，你最亲密的人是谁？

- 你觉得自己什么时候最有力量？

以上20个问题的答案（回忆）就是你人生的关键词，也是构成你人生故事的基础。

现在，请再次回味这些事情，并做好准备在你今后的人生中记录新的篇章。

努力思考并回答这些问题的过程能最大限度地激发你的大脑。

请认真思考与这些问题相关的每一次经历都教会了你什么，那些答案里应该有你对这个世界的评价。

只属于你自己的制造长时记忆的旅途才刚刚开始!

要点

以上 20 个问题的答案(回忆)就是你人生的关键词,

也是构成你人生故事的基础。

记忆是万物的珍宝库和守护者。

——马尔库斯·图利乌斯·西塞罗

帮助我们提高记忆力的装备

我想向大家介绍一些能有效帮助我们提高记忆力的装备。

● 笔记本

现在用计算机就能处理大部分的工作，所以大家都不怎么用手写记录事情了。但是，通过手写来思考或整理结构有助于想法和灵感的产生。手写在连接片段记忆方面也有重要作用。

我建议大家使用能夹资料的笔记本。

● **大屏幕计时器**

给记忆设定期限很重要。如果有计时器，我们就能集中注意力，也可以将大脑疲劳度控制在最低范围内。计时器是提高学习效率所必需的装备之一。当然使用手头既有的智能手机也可以，但是我们只要拿起手机，就会被邮件、信息、游戏等诱惑。为了避开这些诱惑，最好的办法就是完全不给自己接触它们的机会。

● **单词本**

我一直将单词本作为重要的记忆工具，我们可以随时随地拿出来看。我每周都会复习自己背诵过的单词，记到一定程度后会将其分类。如果你已经完全记住了里面的单词，就请果断地将单词本扔掉。

● **足部按摩器**

我们在休息时能够消除大脑疲劳，这是为下一次的集中精力做必要的准备。足部按摩可以把集中在脑部的血液带到距离大脑最远的足部。如果足部的血流畅通，就会促进全身的血液循环，在一定意义上也是让大脑得到休息。在做足部按摩时，请不要看手机，可以闭目养神，这样能够让身体、精神和大脑都得到休息，让做事时的注意力更加集中。

● 录音笔

我在前面提到过，大声朗读对提高记忆力来说非常重要。

既然我们特意朗读了，那就把它录下来，利用通勤时间或其他时间听一听就可以巩固记忆。通过听觉刺激颞叶，你的长时记忆力一定会得到提高。

● 眼罩、耳塞和护颈枕

小憩是缓解大脑疲劳的方法之一。眼罩、耳塞和护颈枕这3样东西可以有效帮助你更好地小憩。

在重启大脑的时候，我们需要采取一些措施以尽可能地防止大脑受到外界刺激。如果有了眼罩、耳塞和护颈枕，不管在哪儿都可以享受舒适的小憩时刻。

使用这些装备休息 25 分钟左右，你的记忆力就会发生变化。

● 光闹钟

光闹钟是让人通过感受到光亮而醒来的闹钟。早晨是分泌 5- 羟色胺的黄金时间，也是人在一天中比较积极的时间段。在此，我推荐那些早上起不来、但很想有效利用早上时间的人使用光闹钟。

版权声明